杭罗织造技艺

杭罗织造技艺

总主编 杨建新

浙江省非物质文化遗产代表作丛书

浙江摄影出版社

顾希佳　王曼利　编著

总　序

浙江省人民政府省长　夏宝龙

　　非物质文化遗产是人类历史文明的宝贵记忆，是民族精神文化的显著标识，也是人民群众非凡创造力的重要结晶。保护和传承好非物质文化遗产，对于建设中华民族共同的精神家园、继承和弘扬中华民族优秀传统文化、实现人类文明延续具有重要意义。

　　浙江作为华夏文明的发祥地之一，人杰地灵，人文荟萃，创造了悠久璀璨的历史文化，既有珍贵的物质文化遗产，也有同样值得珍视的非物质文化遗产。她们博大精深，丰富多彩，形式多样，蔚为壮观，千百年来薪火相传，生生不息。这些非物质文化遗产是浙江源远流长的优秀历史文化的积淀，是浙江人民引以自豪的宝贵文化财富，彰显了浙江地域文化、精神内涵和道德传统，在中华优秀历史文明中熠熠生辉。

　　人民创造非物质文化遗产，非物质文化遗产属于人民。为传承我们的文化血脉，维护共有的精神家园，造福子孙后代，我们有责任进一步保护好、传承好、弘扬好非物质文化遗产。这不仅是一种文化自觉，是对人民文化创造者的尊重，更是我们必须担当和完成好的历史使命。对我省列入国家级非物质文化遗产保护名录的项目一项一册，编纂"浙江省非物质文化遗产代表作丛书"，就是履行保护传承使命的具体实践，功在当代，惠及后世，有利于群众了解过去，以史为鉴，对优秀传统文化更加自珍、自爱、自觉；有利于我们面向未来，砥砺勇气，以自强不息的精神，加快富民强省的步伐。

党的十七届六中全会指出，要建设优秀传统文化传承体系，维护民族文化基本元素，抓好非物质文化遗产保护传承，共同弘扬中华优秀传统文化，建设中华民族共有的精神家园。这为非物质文化遗产保护工作指明了方向。我们要按照"保护为主、抢救第一、合理利用、传承发展"的方针，继续推动浙江非物质文化遗产保护事业，与社会各方共同努力，传承好、弘扬好我省非物质文化遗产，为增强浙江文化软实力、推动浙江文化大发展大繁荣作出贡献！

前 言

浙江省文化厅厅长 杨建新

　　"浙江省非物质文化遗产代表作丛书"的第二辑共计八十五册即将带着墨香陆续呈现在读者的面前，这些被列入第二批国家级非物质文化遗产保护名录的项目，以更加丰富厚重而又缤纷多彩的面目，再一次把先人们创造而需要由我们来加以传承的非物质文化遗产集中展示出来。作为"非遗"保护工作者和丛书的编写者，我们在惊叹于老祖宗留下的文化遗产之精美博大的同时，不由得感受到我们肩头所担负的使命和责任。相信所有的读者看了之后，也都会生出同我们一样的情感。

　　非物质文化遗产不同于皇家经典、宫廷器物，也有别于古迹遗存、历史文献。它以非物质的状态存在，源自于人民的生活和创造，在漫长的历史进程中传承流变，根植于市井田间，融入百姓起居，是它的显著特点。因而非物质文化遗产是生活的文化，百姓的文化，世俗的文化。正是这种与人民群众血肉相连的文化,成为中华传统文化的根脉和源泉,成为炎黄子孙的心灵归宿和精神家园。

　　新世纪以来,在国家文化部的统一部署下,在浙江省委、省政府的支持、重视下,浙江的文化工作者们已经为抢救和保护非物质文化遗产做出了巨大的努力,并且取得了丰硕的成果和令人瞩目的业绩。其中,在国务院先后公布的三批国家级非物质文化遗产名录中,浙江省的"国遗"项目数均名列各省区第一,蝉联三连冠。这是浙江的荣耀,但也是浙江的压力。以更加出色的工作,努力把优秀的非物质文化遗产保护好、传承好、利用好,是我们和所有当代人的历史重任。

　　编纂出版"浙江省非物质文化遗产代表作丛书",是浙江省文化厅会同财政厅共同实施的一项文化工程,也是我省加强国家级非物质文化遗产项目保护工作的具体举措之一。旨在通过抢救性的记录整理和出版传播，扩大影响，营造氛围，普及"非遗"知识，增强文化自信，激发全社会的关注和保护意识。这项工程计划将所有列入国家级非物质文化遗产保护名录的项目逐一编纂成书，形成系列，每一册书介绍一个项目，从自然环境、起源发端、历史沿革、艺术表现、传承谱系、文化特征、保护方式等予以全景全息式的纪录和反映，力求科学准确，图文并茂。丛书以国家公布的"非遗"保护名录为依据，每一批项目编成一辑，陆续出版。本辑丛书出版之后，第三辑丛书五十八册也将于"十二五"期间成书。这不仅是一项填补浙江民间文化历史空白的创举，也是一项传承文脉、造福子孙的善举，更是一项需要无数人持久地付出劳动的壮举。

在丛书的编写过程中，无数的"非遗"保护工作者和专家学者们为之付出了巨大的心力，对此，我们感同身受。在本辑丛书行将出版之际，谨向他们致上深深的鞠躬。我们相信，这将是一件功德无量的大好事。可以预期，这套丛书的出版，将是一次前所未有的对浙江非物质文化遗产资源全面而盛大的疏理和展示，它不但可以为浙江文化宝库增添独特的财富，也将为各地区域发展树立一个醒目的文化标志。

时至今日，人们越来越清醒地认识到，由于"非遗"资源的无比丰富，也因为在城市化、工业化的演进中，众多"非遗"项目仍然面临岌岌可危的境地，抢救和保护的重任丝毫容不得我们有半点的懈怠，责任将驱使着我们一路前行。随着时间的推移，我们工作的意义将更加深远，我们工作的价值将不断彰显。

2012年5月

目录

杭罗的历史足迹

杭罗是罗的一种。罗，又是丝绸这个大家族中十分重要的一支。二〇〇九年九月，中国蚕桑丝织技艺被联合国教科文组织列入人类非物质文化遗产名录。杭州福兴丝织厂作为杭罗织造技艺的传承和保护单位，作为中国蚕桑丝织技艺的『相关社区、群体或个人』，自始至终参与了此次申报工作，并庄严承诺，将给予此项保护以最大支持。

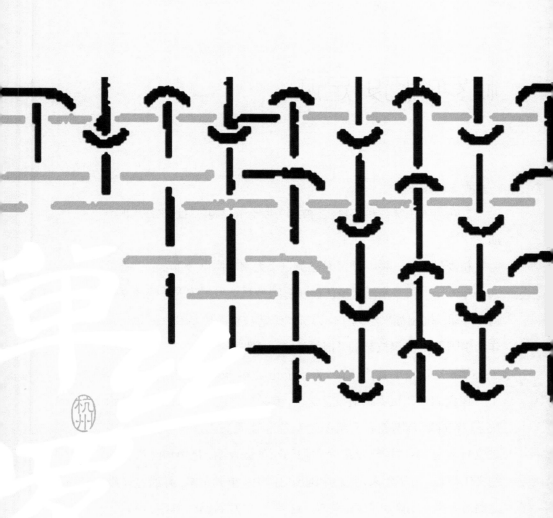

杭罗的历史足迹

[壹]话说蚕桑丝织

2008年6月，杭罗织造技艺被国务院公布为第二批国家级非物质文化遗产。

杭罗是罗的一种。罗，又是丝绸这个大家族中十分重要的一支。2009年9月，中国蚕桑丝织技艺被联合国教科文组织列入非物质文化遗产名录。杭州福兴丝绸厂作为杭罗织造技艺的传承和保护单位，作为中国蚕桑丝织技艺的"相关社区、群体或个人"，自始至终参与了此次申报工作，并庄严承诺，将给予此项保护以最大支持。

在我们介绍杭罗织造技艺之前，有必要先说一说中国蚕桑丝织技艺。在向联合国教科文组织递交的非物质文化遗产申报文本中是这样表述的："蚕桑丝织是中国的原创性发明，是中华民族认同的文化标识。五千年来，它对中国历史作出了重大贡献，并通过丝绸之路对人类文明产生了深远影响。这一遗产包括栽桑、养蚕、缫丝、染色和丝织等整个过程的生产技艺，在这个过程中所使用的各种巧妙、精致的工具和织机，以及由此生产的绚丽多彩的绫绢、纱罗和织锦等丝绸产品，同时也包括这一过程中衍生的相关民俗活动。这一传统生产手工技艺和民俗活动至今还保存在浙江北部和江苏南部的太湖流域以及四川的成都等地，是中国文化遗产中不可分割的组成部分。"

为了让读者对杭罗织造技艺有一个较为完整的认知，有必要先说一说蚕桑丝织。

色彩斑斓、质地轻柔的丝绸到底是怎么做出来的？历史上西方人对此曾经有过许多猜测，而最终不得不为之瞠目结舌。即使在今天，恐怕许多中国的年轻人对此也还是有些茫然的。

事实上，丝绸的生产涉及许多生产行业。先是要栽种桑树，这是种植业；再是养蚕，用桑叶来喂蚕，让蚕长大，然后结茧，这是养殖业，又称为"家庭副业"；再是把蚕茧缫成丝，把丝织成绸，这中间还包括了印染。缫丝织绸，在历史上是农村家庭手工业。所谓"男耕女织"这样一种家庭分工格局，就是告诉我们，当年农民家庭里，织绸是十分常见的事情。后来出现的官营生产和城市织造户，则呈现出另一种态势。而近现代以来，尤其是到了当代，丝绸生产则已演变成为轻工业生产的一部分，那已经是后话了。

蚕桑丝织这样一个生产过程，先要从栽桑养蚕说起。中国是世界上最早养蚕和织造丝绸的国家，这是世界各国公认的。公元前4世纪，希腊史学家克泰夏最早使用Seres这个名词，本意是"制丝的人"，引申为"丝之国"，以后又被西方人用作"中国"的代称。大约在五千年前的新石器时代，我们的先民已经把野蚕驯化，在室内饲养它，并且可以用蚕丝来织造丝绸了。

养蚕，还必须有饲料，这就是桑树。桑树最初也是野生的，周代以后开始人工栽培。北魏以后，又出现了扦插、嫁接、压条等培育桑苗的方法。早期的桑树很高大，四川峨眉山上就有一棵树龄五百年以上的岩桑，高40米，树围4米。随着栽培桑品种的不断进化，如今流行一种无干桑，只有15厘米左右的高度。这中间，自然也就积累着前人的无数智慧和心血。

采桑也有专门技术。养蚕季节，蚕一天天地长大，树上的桑叶也在一天天长大。什么时候采摘，摘树上的哪几张桑叶，很有讲究。采错了，不仅对蚕不利，也对桑树的高产不利。到后来，家中的桑叶够不够吃，又是个大问题。如果不够吃，就得赶紧到外面去买桑叶。俗话说："救蚕如救火。"非得在一二天之内买到，并且运回家不可。这时候，叶价飞涨，更是牵动人心。倘若桑叶剩下了许多，就只能让它在桑树上自然地老掉，最多也只是拿来喂羊。由此，历史上在这一带便形成了桑叶贸易市场，谣谚有"仙人难断叶价"，犹如今天的股市，这对于今天的年轻人来说，已是十分陌生了。

养蚕的全过程，要从制蚕种说起。传统制种，从蚕蔟中选取整齐、强健的茧子留种，茧中的蚕蛹会奇妙地变为蛾子，破茧而出，雌雄交配。解脱后，雄蛾随即中枯而死。雌蛾产卵，用桑皮纸承接蚕卵，这就是蚕种纸。蚕农将其妥为收藏，直至下一年春天用来养蚕。

传统的养蚕技术，大致又可分成浴种、暖种、收蚁、眠起处理、上蔟、采茧、选茧这样几个步骤。

浴种、暖种。清明前夕，先要把蚕种纸在盐水中稍微浸润一下，随即揩干，称"浴种"。然后将蚕种纸焐在胸前或被窝里，焐三四天，使之保持一定的温度、湿度，促使蚕种孵化，称"暖种"，又称"催青"。随着科技的进步，传统的制蚕种和暖种已经不再由农户分散操作，而改为由专门的农业科技部门集中处理。蚕农只要届时去领蚕种，就可进入饲育了。

收蚁。蚁蚕刚孵化出来的时候，很是细小，犹如极小的蚂蚁。把蚁蚕收集起来，俗称"收蚁"。方法有多种，羽扫、打落、网收、吸引，都有人在使用，总之是要小心翼翼地把蚁蚕引入收蚁纸，以便喂养，使之长大。

眠起处理，也就是蚕的饲育过程。在此期间，蚕吃着桑叶一天天长大，到一定时候就要休眠，脱去旧皮，长出新皮。休眠时不食，醒来后再吃桑叶。通常要经历四个这样的眠起。乌蚁孵化后约三天三夜进入休眠，大约一昼夜便醒来，称"头眠"。又过三天三夜，再度休眠，称"二眠"。眠起后，再过三四天，又一次休眠，即"三眠"，又称"出火"。这时天气转暖，蚕室内取消炭盆。出火后再喂养四五天，第四次休眠，俗称"大眠"。大眠要眠一昼夜半到二昼夜，眠起，俗称

"大眠开爽"，然后连喂七八天。这段时间里，蚕吃桑叶吃得最多，蚕房里只听见一片沙沙声，蚕体渐趋成熟，通体晶莹，似透明一般，然后开始不食亦不眠，称为"缭娘"，也就是在酝酿着要吐丝了。

上蔟。俗称"上山"，将成熟的蚕拾取到蚕蔟上，让它吐丝结茧。蚕蔟，通常用稻草扎制，形状有好多种，各地不同，随着时代变迁，也有所改革。蚕蔟搭成山状，俗称"山棚"，以便更多的蚕可以互不干扰地在蚕蔟上各自结茧。如果蚕与蚕纠缠在一起，结的茧丝绪很乱，就不能顺利地缫丝，只好派别的用场了。所以历来都很重视上蔟。天冷时，山棚下还要架炭盆升温，俗称"擦火"、"灼山"。

采茧、选茧。上山五六天后，就可以采茧了。全家老少一起出动，采摘茧子，并且进行挑选，分等级盛放，把次茧、坏茧一一剔出，然后准备下一步的出售或是缫丝。

今天的农村，蚕农一般都只负责养蚕，等采下茧子，就会尽快地把茧子卖给收购部门。收购茧子的机构一般称为"茧站"，负责收购，并及时将茧子烘干，然后将烘干的茧子出售给丝厂，让丝厂去缫丝。

然而，在历史上，在新式的缫丝机器尚未引进，丝厂尚未出现的年代里，缫丝，也仍然是由农村里的千家万户来完成的。

蚕茧采摘下来以后，如果不及时缫丝，茧子里边的蛹就会羽化成蛾，咬破蚕茧。另一方面，鲜茧还容易受鼠虫啮咬。所以，蚕茧的保护和贮存，历史上也有一系列技术传承下来。

贮存鲜茧，历史上曾经用过阴摊、日晒、震动日晒、盐渍保存、蒸茧、火焙、土灶烘茧、机灶烘茧等多种方法，越到后来，方法也就变得越先进，这也是势在必然。各地农村，至今都有一些老人自己在家里用传统的方法烘茧。虽然说20世纪50年代以来，农民们一般都已经习惯于及时出售鲜茧，而不再在自己家中烘茧缫丝。不过情况也并非如此单一，近年来由于受国际市场影响，鲜茧收购价时有波动。一部分农民为了维护自己家庭的利益，不愿低价出售蚕茧，那就必须采用传统方法自己来烘茧。于是，一些传统的烘茧技艺也就因此而得以流传下来。

处理过的蚕茧，要进入下一道工序，那就是缫丝或剥丝绵。优良茧，一般用来缫丝。双宫茧、多宫茧和其他各种不良茧，俗称"次茧"，这一类茧的丝绪纷乱，不宜缫丝。还有软茧，茧质过厚过粗，也不宜缫丝，人们就把这些次茧拿来剥丝绵。

剥丝绵也是一种传统手工技艺。旧时蚕乡的许多农民，都会在自己家中剥丝绵。说起来，它无非是一种废物利用，把一些不能缫丝的蚕茧拿来剥丝绵，如此而已。然而它又是一种十分可观的产业。我们的祖先用丝绵来做棉袄、棉裤和棉被的内胎，轻软而又保暖，这是由来已久的。只是到了近几十年，丝绵才被棉花、人造棉花、羽绒、驼绒一类填充料所替代。不过，至今仍有不少人喜欢选用丝绵，这也是事实。

接下来再说缫丝。

缫丝的器具，历史上也有过一个不断演进的过程。秦汉以前的器具很简单。缫丝人坐在煮茧的釜边，一边煮茧，一边从蚕茧上抽出丝绪来，卷到一个丝框上，如此而已。秦汉以降，逐渐由简单工具向较完整的手工机械发展，经历过手摇式缫丝车、脚踏式缫丝车的演变历程。有关古代缫丝车的结构，在一些农书上有所记载，不一一细述。时至今日，在杭嘉湖一带农村，还可以寻访到几台老式的缫丝车，有些老人还会操作。杭州市余杭区塘栖镇塘北村就保存着这样一台古老的缫丝车，一时引起参观者的轰动。

19世纪末，国外发明的立缫机引入国内，一些城市里开办起利用蒸汽和机械动力的缫丝厂。从此以后，缫丝出现两大阵营，一是传统的家庭作坊里用传统缫丝车缫丝，称"土丝"；一是缫丝厂用立缫机生产的丝，称"厂丝"。面对厂丝的竞争，土丝曾经有过艰难的奋斗历程，却终于未能守住阵地。以浙江为例，明清以降，传统土丝中的吴兴辑里丝、海宁细丝、绍兴肥丝都曾久负盛名，尤其是辑里丝，一度远销国外。然而，由于手工缫丝无法克服的弊端，它终于被机械缫丝生产出来的厂丝所打败。时至今日，只剩下为数不多的老人还会操作传统的手工缫丝技艺，但也属于一种表演性质，年轻人则早已不知它为何物了。

20世纪20年代，国外的人造丝进入国内市场，开始对传统的丝绸工业产生强烈冲击，这是后话。

丝，是织造丝绸的原料。将丝分别排成纵向排列的经线和横向排列的纬线，将它们按照某种规律相互交织，就成了丝绸织物。缫制出来的丝，不管是厂丝还是土丝，在上机织造之前，还得经过一定的准备和整理工序。通常说，有翻丝、并丝、捻丝、浆丝、牵经、摇纡等若干道工序。这些工序各有其特殊的工艺流程和操作要领，这里就不一一展开了。

丝织，就是指通过一定的工艺流程，用蚕丝织造出各式各样的绫罗绸缎来。丝绸品种极多，由于品种不同，所使用的机械器具也不同，操作技法和工艺流程自然更是各不相同。除了丝织之外，为了使丝绸产品更加柔美、精致，还有一道工序叫做"精炼"，即将生丝或坯绸作某种工艺处理。为了使本色的丝能变成五光十色的彩绸，又有一道工序称之为"印染"。有的是染后再织，也有的是织后再印染，工艺流程不同，产品也大不相同。

总而言之，中国蚕桑丝织技艺里面凝聚着中华民族惊人的智慧和创造力，让全世界为之惊叹。而杭罗织造技艺则是这个大家族中的一员。在介绍杭罗织造技艺之前，让大家对蚕桑丝织先有个大致印象，还是十分必要的。

[贰]杭罗的历史足迹

中国丝绸是个大家族，由于染织技艺各不相同，便在历史上形成了令人眼花缭乱的众多品种。通常所谓绫罗绸缎，也只是一种泛指，历来被人们用来指代常见的四个丝绸的主要品种。其实，除此之外，还有纱、绉、绢、锦、绨、绡、纺、香云纱、缂丝，等等，也都是中国丝绸大家庭中各领风骚的重要品种。

关于"罗"，《辞海》上说："丝织物类名。用合股丝以罗组织组成，质地较薄，手感滑爽。外观似平纹绸，具有经纬纱绞合而成的、有规则的横向或纵向排孔，花纹美观雅致，兼又透气。例如杭罗等。"这里特别提到杭罗，可见在罗的家族里，杭罗是其中的佼佼者。还有一种说法，则把杭罗、苏缎和云锦同列为中国东南地区的三大丝绸名产，杭罗的地位由此可见一斑。

由于罗是一种比较透气的丝织物，所以常被用来做内衣、蚊帐、帐幕、裙裤等。我们在古籍中常常见到"罗帐"、"罗裙"一类说法，指的就是用罗做成的物品。

有的学者认为，大概在新石器时代晚期，我们的先民就已经能够织造平纹和绞经组织的纱、绢、罗一类织物了。而在商周时期的出土文物中，罗就更为多见。春秋战国时期，当时的越国非常重视农桑，《越绝书》卷四记载，范蠡为勾践设计复国大计时，就提到了"劝农桑"。当时这里已经能够生产罗、縠、纱等丝织品了。《禹贡》中提到扬州一带有"越罗縠纱"，便是明证。

战国秦汉时期，罗的织造技艺有了较大发展，当时已有素罗和

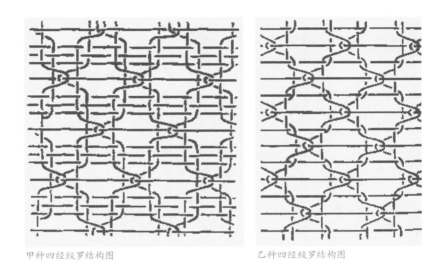

甲种四经绞罗结构图　　　　　　　　　乙种四经绞罗结构图

纹罗之分，素罗是指没有花纹的罗，纹罗则在罗地上再起花，使之更加美观。

　　当时的素罗又可分二经绞罗和四经绞罗两种。二经绞罗是由两根经丝为一组，与纬丝交织而成。四经绞罗则以四根经线为一组相互扭绞，与纬丝交织而成，按罗组织结构又可分为甲、乙两种。这样的罗织物，在当年墓葬中常有出土。考古工作者据此复原，就可以大致了解当年的织造技艺。

　　纹罗，又写作"文罗"，这在汉代文献中已多有出现。长沙马王堆一号墓出土的菱纹罗就有好几种。在素罗的罗地上再织入花纹，也就呈现出了一种别样的朦胧美。有学者指出，汉代常见一种暗花

菱纹罗纹样

菱纹罗，经密多达一百四十四根/厘米，其工艺水平之高，可以想见。

三国时期有一段典故是必须提到的。东晋王嘉《拾遗记》卷八记吴主孙权之妻赵夫人，人称"三绝"，也就是机绝、针绝、丝绝。所谓"丝绝"，就是指丝绸织造绝技。文云："织为罗縠，累月而成，裁为幔，内外视之，飘飘如烟气轻动，而房内自凉。时权常在军旅，每以此幔自随，以为征幙，舒之则广纵一丈，卷之则可纳于枕中，时人谓之丝绝。"说得似乎有些夸张，不过大致可信。这段文字说，赵夫人织的罗可以做帐幕，飘逸如烟气轻动，卷起来可以塞进枕头，说明纤细之极。这段文字的结尾处说："吴亡，不知所在。"赵夫人所掌握的绝技倘若能够流入民间，对于这一带织造罗技艺的传承肯定是一种推进。

到了魏晋南北朝时期，罗的织造和使用更加普及，庾信《谢赵王赉白罗袍绔启》中是这样来形容当时的罗织物的："悬机巧绁，变缀奇文, 凤不去而恒飞, 花虽寒而不落。" 这哪里还是普通的罗袍, 分明是一件价值连城的工艺美术品! 据沈约记载, 当时浙江的织罗里已经镶嵌金

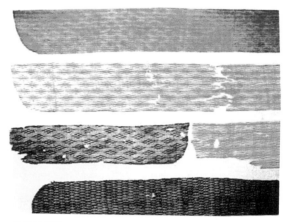

唐代织花罗

箔。一则说明工艺之精致; 二则也说明这种罗织物本身的价值已经十分昂贵, 所以才会进一步镶嵌进昂贵的金箔来与之匹配。

唐代后期, 丝绸生产重心南移。当时越州的越罗已经作为地方名产而上贡朝廷。据文献记载, 唐代的罗有三个重要产区, 一在河北, 二在四川, 三在越州, 也就是今天的绍兴。当年的越罗纹样有宝花花纹等。此外, 我们从史料中知道, 唐代还有云罗、纤罗、凤纹罗、蝉翼罗、花罗、柏叶纱罗、凤尾香罗等, 至于具体的织造技艺和花纹样式, 则还有待考证。从一些出土文物, 我们可以对唐代的织花罗有一个大致印象。

宋代, 罗的织造技艺达到了一个高峰。《宋会要辑稿》"食货"六四载, 北宋每年的岁收总数中, 就有罗十六万零六百七十二匹, 南

宋时则为两万一千一百六十九匹。这只是历史上罗产量的一部分而已，民间生产罗而进入市场流通的还没有计算在内。嘉泰年间《会稽志》卷十七"布帛"载，当时会稽所织罗，有"万寿藤、火齐球、双方绶带，纹皆隐起而肤里尤莹洁精致"。咸淳年间《临安志》卷八则提到："罗：有花、素两种结罗，染丝织者名熟线罗，尤贵。"也就是先染后织的色织罗，这大概也是当年的一种新产品吧。吴自牧《梦粱录》卷十八"物产·丝织品"提到："罗：花素、结罗、熟罗。"这里所说的"熟罗"，也就是熟线罗。织入金银丝的罗，在这个时期里也是出足了风头的。《艺林伐山》载："宋徽宗宫人以麝香色缕金罗为衣裙。"杨万里的诗中也有吟咏："余香犹在织金罗。"

宋代，杭州开始用罗来制作灯彩。因为罗比较美观而又通透，通常用作帐幔，所以很容易被人们用来作为灯彩的材料。周密《武林旧事》卷二有"灯品"一节，说"罗帛灯之类尤多，或为百花，或细眼，间以红白，号'万眼罗'者，此种最奇。"利用罗的花纹和透光度达到不同的艺术效果。反过来说，由于灯彩的"广告效应"，也在一定程度上刺激了当年的罗织造技艺。

从这个时期的出土文物来看，当时的罗的组织结构大致可分成无固定绞组和有固定绞组两大类。前者称"链式罗"；后者又可大致分成单丝罗、杂花罗、平纹花罗、斜纹花罗、隐纹花罗等几种。从以下图中，我们可以大致了解其间的结构变化。

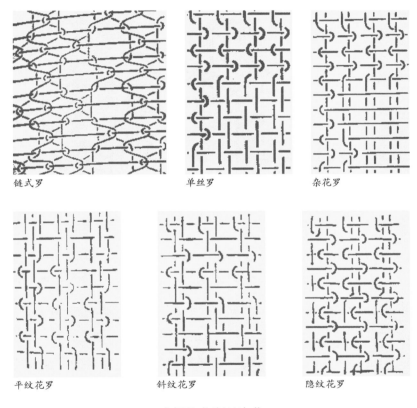

链式罗 单丝罗 杂花罗

平纹花罗 斜纹花罗 隐纹花罗

宋朝罗织物的组织机构

在南宋楼璹《耕织图》中，我们可以见到当年的一台花罗机，其结构原理之复杂精致，令人叹为观止。今人范金民、金文所著《江南丝绸史研究》认为："南宋杭州则有结罗、博生罗、蝉罗、生色罗等。其中的结罗分花、素两种。"总之，南宋定都临安，也就是今天的杭

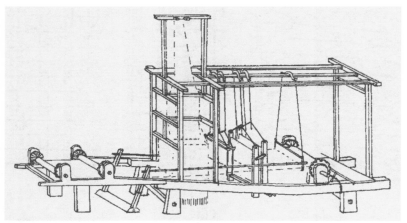

宋《耕织图》中的花罗机

州，杭罗织造技艺在当时已达到相当高度，这是毫无疑问的。

　　元代，承继前朝，罗织物依旧风行全国。据《元典章》记载，元代百官大多用罗来做官服，贵族的帐幕也用罗。罗的品种常有翻新，

元泥金印花罗

诸如刀罗、芝麻罗、嵌花罗等，屡见于史料记载。织入金丝的罗也依旧走红。从出土文物看，这个时期的罗比较常见的组织结构是固定绞组的二经绞素罗和花罗。

　　明代，为了满足朝廷及百官的用服和赏赐的需要，在一些地方设立了官营织染机构。当时杭州织染

局的规模很大,据《杭州府志》载:"内有房屋一百二十余间,分为织、罗二作。"这里特别提到罗,可见当年罗的生产是占有很大份额的。至于在民间,明代在江浙一带因丝绸而兴起了一大批小城镇,这也是史学家早就注意到的一种历史现象。如浙江桐乡的濮院镇,嘉兴的王江泾镇,杭州的塘栖镇,吴兴的双林镇、菱湖镇等,都值得一

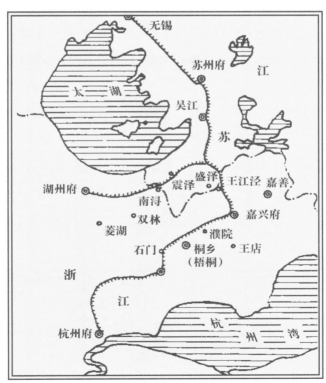

明朝江浙间以丝绸为主业的城镇

提。在这些小城镇上，许多人"以机为田，以梭为耒"，"不务耕绩"，专以丝绸织造为营生。这一大批以丝绸为主业的小城镇的出现，使得丝绸生产愈趋专门化，技术亦精益求精，丝绸的花色品种必然日益增多。杭罗的名声正是在这种环境里才得以造就的。

宋应星《天工开物》对于明代常见的一种提花机有过详细的记叙，一般认为，这种提花机既可织提花织物，又可织素罗或小花纹织物。而在方以智《物理小识》"花机"一节中，则更为详尽地记载了当年的一系列织造技艺，其中也包括了罗的织造技艺，弥足珍贵。

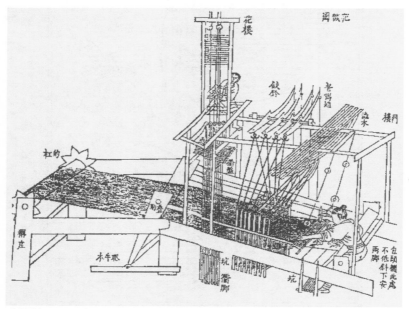

明代花机

清代，一方面是上层社会竞尚奢华，对丝绸织造的要求愈来愈高；另一方面则是商业竞争的日益加剧，势必推动着织造技艺的进步。这一时期里的丝绸品种之多，质量之高，给后代留下的印象更为深刻。据史料记载，仅浙江濮院一地在康熙年间所生产的丝绸产品就有花纺绸、花绢、宫绢、箩筐绢、画绢；绫又分花绫、素绫、锦绫；罗则有三梭罗、五梭罗、花罗、素罗；还有花纱、绉纱等如此之多的品种。而在杭州一带，所产花线春、杭绸（宁绸）、纺绸、绫、罗、缎匹等，在当时都是相当有名的产品。杭州东园巷和艮山门、太平门一带，历来是机户云集的地方，机户们往往在产品质量上下功夫。有诗称，当年机户虽然"难与局价争低昂"，却坚持"价不争昂衣论料，欲买请看机上号"，以至于到道光年间还能"年年利市三倍赢"（邹志初《武林新乐府·东园机》）。在这些机户中，就有相当一批人是以织罗为业的。

清雍正年间，厉鹗著《东城杂记》，卷下"织成十景图"提到："杭东城，机杼之声，比户相闻。"乾隆年间，朱点辑《东郊土物诗》，在"序言"里说："城东蚕桑之利，甲于邻封，织纺纠绞之声，不绝于耳。"光绪年间，杨文杰撰《东城记余》，卷上"机神庙碑"则说："杭郡为东南财赋渊薮，杼柚之利甲于九州。操是业者，较他郡尤夥。"从这几位当时文人的文字中，我们可以大致肯定，清代杭州城东一带的丝织业之发达，是一个人尽皆知的事实。杭州还有一首民谣《十城门谣》流传至今，其中有"坝子门外丝篮儿"一句，人们耳熟能详，说的就是当年艮山门外机坊密集的景象。

在杭州《北新关志》卷十三"税则"中，我们还可以看到，当年进出北新关的货物中，就有上罗、中罗、胡罗、绮罗、下罗、湖州帐罗等产品。湖州帐罗又名"湖罗"，适宜于做蚊帐，质量轻薄，也风行一时。这一时期的丝绸贸易发达，杭州从艮山门、东街路北段直至忠清里一带的丝绸市场十分热闹，宝善桥仓河下则有绸业"装船埠头"，装载绫罗绸缎的船只大多在此起航，运往各地，川流不息，人声鼎沸。

直至民国年间，杭罗依然是杭州丝织业产品中极具生命力的一个品种。据1999年版《杭州市志》称，当时杭州的丝织品分生货、熟货两大类，生货中有大绸、纺绸、横罗和直罗。罗是有条状空路的纱罗，横曰"横罗"，直曰"直罗"。横罗是杭州的传统产品，直罗仅民国十六年至二十六年（1927—1937年）之间有生产，影响不大。

《杭州市志》又提到，直至1985年，杭州丝绸系统能生产的绸缎产品有绸、缎、锦、纺、绉、绫、罗、纱、呢、葛、绢、绨、绡等大类，两百多个品种，两千多个花色。这里所说的"罗"，也就是杭罗。

由此可见，正是由于历代机户、织工们的共同努力，薪火相传，才得以造就杭罗今天的名声。如果追溯历史，至少它已经走过了两千多年的漫长道路，说它是杭州的骄傲，这并不夸张。一开始，可能它就是当年的越罗，指的是以今天的绍兴为中心的这样一个地域里的一种传统手工技艺。随着杭州这座城市的崛起，以杭州为中心的丝绸生产逐步形成规模，并且越来越引人瞩目。历来人们有以地域来称呼产品的习惯，久而久之，"杭罗"这个名字逐渐被大家接受，以至于后来被写进《辞海》，成为罗的一个代表性品种。

织机及其他工具

杭罗以相邻经线相互绞合，构成罗纹组织。罗纹组织在现代组织上属于高级复杂织物，西方国家直到近代才有这类织物，而我国从很早就已经使用罗织机来织罗了。

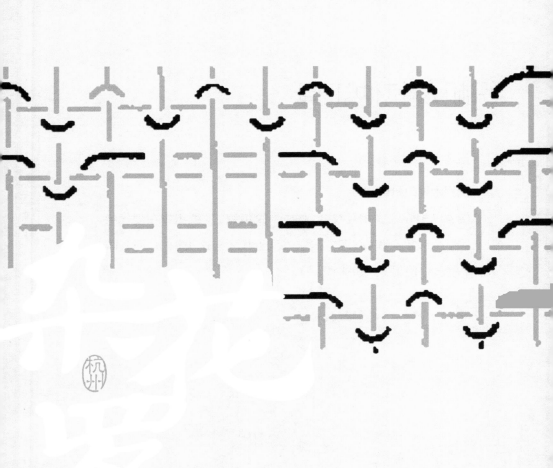

织机及其他工具

　　杭罗由罗织机织造。

　　杭罗以相邻经线相互绞合,构成罗纹组织。罗纹组织在现代组织上属于高级复杂织物,西方国家直到近代才有这类织物,而我国从很早就已经使用罗织机来织罗了。

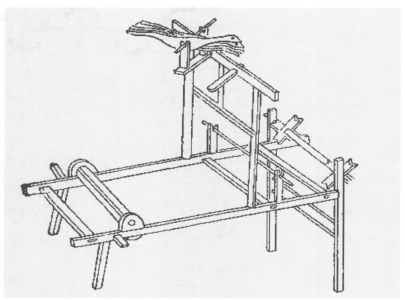

元代《梓人遗制》中的罗机子

目前，我们可以看到记述比较详实的罗织机是元人薛景石《梓人遗制》里的罗机子。该罗织机有一套简易的卷取装置和送经装置，一根托经杆和一套开口机构。开口机构是由鸟坐木上的特木儿，即在特木儿的一端系吊综绳，连踏脚杆；另一端的鸟眼下吊绞综泛子。这种罗织机可织造二经绞素罗、四经绞素罗。如果想在罗地上起花，只需配上提花机构（束综），通过控制提升起花的经线，就可以织造出各种提花罗织物。

相比较于《梓人遗制》里的罗机子，杭州福兴丝绸厂保存着的传统杭罗织机，构造更为精妙复杂。该织机几乎全部由木头和竹片

杭罗织机（蒋羽乾 摄）

构成，机身全长约5.2米，机宽约1.6米，整机高度为3米。机框是一个坚固的立方体木框，离地面约1米，有六根机脚固定在地面上。

[壹]织机

从主要设置机构来看，杭罗织机由持经机构、开口机构、投梭机构、打纬机构、卷取机构五部分组成。

1. 持经机构。

持经机构位于织机的后胸梁上，主要由滚筒、卷经轴、刹车、压轿、分经棍四部分组成。

后胸梁机柱上端与机座水平高度处，开有弧形缺口，滚筒搁置其间，可以顺滑地滚动。滚筒是一根圆形木棒，直径20厘米左右，两端置入机柱缺口处的直径稍小。滚筒表面非常光滑，从卷经轴牵引出的经线平整地搁置其上，起到支撑经面的作用。滚筒下方，水平平行着一根卷经轴，与卷经轴相连的是刹车，二者位于同一根铁质圆棍上，圆棍依靠螺丝固定在机柱上。刹车是一个圆形的轴轮，类似自行车的轮胎轴，轴上卷着麻绳，麻绳一头固定在刹车上，另一头固定于地面的小铁棍上。随着卷经轴的转动，刹车也相应地转动。而刹车又可以来回转动，以此带动卷经轴，从而控制经面的张力。由于杭罗织造的时候，经线每隔几梭就要发生一次扭绞，造成经面张力不均。为了使经面保持平整，固定在地面上的小铁棍有时还要再加上一个铁质的压轿。压轿呈U形，用于控制经面的张力。分

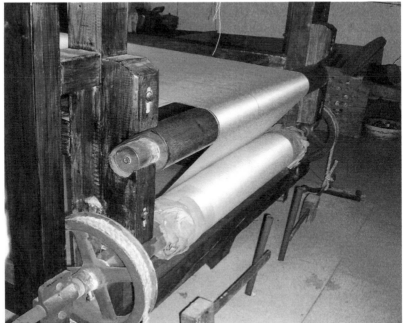

持经机构（王曼利 摄）

分经棍（王曼利 摄）

经棍是一根约2米长的细竹竿，其作用在于隔开地经和绞经。杭罗织机长达5.2米，经线从织机一端的卷经轴出来，一直到织好布被卷入织机另一端的卷布轴，有相当长的经面搁在其间。由于织造的需要，杭罗经线被分为奇、偶两层，在织机上形成了地经面和绞经面。杭罗在织造的过程中，由于经线发生扭绞，容易受力不均而断裂，从而导致经线混乱。为了织造方便，在经面交叉的位置上还要搁置三根分经棍，将地经和绞经分开。

2. 开口机构。

开口机构是杭罗形成的技术关键，主要由脚踏杆与龙头的联动装置、综片与花本这几部分组成。

（1）脚踏杆与龙头的联动装置。杭罗织机利用脚踏的方式进行开口。其基本原理是杠杆原理，通过脚踏板的支点和绳索以及龙头上的滑轮，最终将脚踏的力传递到综框上，使综框能做上下开口运动。

织机正下方中间有一道长约3米，宽约30厘米，深约20厘米的地坑，里面搁置着一根脚踏杆。脚踏杆位于织机中间的一端固定在坑里，位于机前的另一端系着一根拉条。当脚踩踏杆，系拉条的这一头顺势往下沉。当脚离开踏杆时，由于拉条的牵

脚踏（王曼利 摄）

拉，便又恢复原样。

　　脚踏杆之所以能够上下摆动，关键在于织机上方的龙头。龙头离地3米高，最上方固定着一根可以滚动的铁质圆棍。这根圆棍上固定着四个转盘，通过拉条，依次与脚踏杆、卷布轴、素综、绞综相连。因此，当脚踏杆下沉，拉条拉紧，带动与其相连的转盘，圆棍顺势转动，又带动与素综或绞综相连的转盘转动，拉条拉紧，从而使综框上升，形成梭口。而当脚离开踏杆时，拉条放松，综框因自身重力而下沉，与其相连的转盘同时转动，便又连动与脚踏杆相连的转盘回转，从而使脚踏杆回复原位。

　　（2）综片与花本。对于杭罗而言，综片是开口装置中不可缺少的组成部分，特别是绞综（枷身线），其重要性更是不言而喻。可以说，没有绞综就没有杭罗。

　　杭罗织机的综片有三种，按离机工的距离由远及近排列，分别

龙头（王曼利 摄）

是素综、绞边综和绞综。

素综由木框以及基综组成，用于形成织物的普通开口。杭罗织机上共有两片素综，根据奇偶数，地经与绞经分别穿于不同的素综内。

绞边综，顾名思义，是对织物两边进行绞编的综片。该绞边综与其他两种综片不同，是一根长条木片，其中一边挖空，放置进若干根综丝。绞边综位于杭罗织机的绞综和素综之间，每一边各两片。

离机工最近的是两片枷身线，也就是绞综，每片绞综各由一片基综和一片半综组成。杭罗织机上的基综所用的材料是金属丝，而

素综、绞边综和绞综（王曼利 摄）

绞综（王曼利 摄）

半综所用的材料是真丝线。二十六根一组，一共二十四组。经线根据奇偶数，分别穿入半综内，而半综的环又穿入基综内，并在下方勾连住一根木条。

下图用来解释素综和绞综的起综方式：绞经A，地经B，绞综（1半综、2基综、3后综、4地综）。

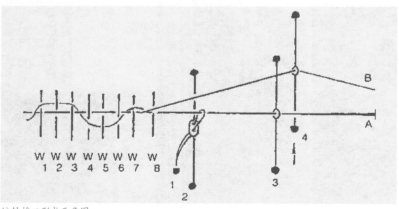

绞转梭口形成示意图

　　地经穿于地综内，并在两基综之间引向机前。绞经除穿入普通综丝外还须穿入半综（绞综）内。织造时，穿地经的综片上升，形成普通梭口，此时织入纬丝后并不扭绞。当左右（前后）基综轮流提升绞经时，绞经在地经的左右上方形成开放梭口和绞转梭口，织入纬丝后经丝便发生扭绞。

　　杭州福兴丝绸厂生产的十三梭罗，是绞经和地经扭绞一次后，连续织入十三根纬线而形成的织物。即素综每抬起十三次，绞综就会抬起一次，十四梭一个循环。综片之所以能够上下运动，在于两端所系拉绳与龙头上方的转盘相连，脚踏杆带动转盘转动。而决定织机起循环方式的则是花本。杭罗织机龙头上设置有花本的穿孔纹板，利用该穿孔纹板，综片才会有规律地运动。

花本（王曼利 摄）

3. 投梭机构。

升达盘（王曼利 摄）

梭（王曼利 摄）

梭箱（王曼利 摄）

投梭机构主要由升达盘、梭、梭箱构成。织罗时，先将水纡装入木梭中，然后再将木梭装入梭箱。梭箱是一个相对密闭的长方形的木箱，内部大小刚好可以使木梭通过。梭箱右上方的木板可以打开，方便木梭的安放和拿取。木梭两端系有拉绳，拉绳穿过织机上方的升达盘，另一根系有拉手的绳子也系于升达盘两端。升达盘转动非常灵活，当拉手轻轻往一边一拉，升达盘转动，带动梭箱内的木梭相应地往那边滑动，完成一次穿纬。

4. 打纬机构。

每完成一次投梭，就需要进行一次打纬。打纬的机构主要是筘。筘由筘边和筘齿两部分组成。杭州福兴丝绸厂所使用的筘，由于市面上

打纬（王曼利 摄）

没有相应的筘号，均由自己制作。筘边由木头做成，上面的筘齿则由金属做成，经线依次穿过每一个筘齿。

5. 卷取机构。

卷取机构由幅撑、卷布轴、轴轮、转盘、拉条组成。

幅撑是由竹片削制而成，其长度略短于布幅宽度，两端有钩，用于将布匹的门幅撑开。幅撑一般位于卷布轴与筘枪之间，通常每台织机都有三条或四条幅撑，以确保织好的杭罗平整，布幅一致，便于卷布轴卷取。卷布轴与卷经轴外表类似，为圆形木棒，直径约15厘米，两端连接着圆形小铁棍。

幅撑（蒋羽乾 摄）

铁棍被安置在机架上,其中左端的铁棍与前胸梁上安置的小轴轮相连。轴轮一共两个,除了与卷布轴相连的小轴轮外,还有一个大轴轮,拉条一端的钩条与其相扣。上文中脚踏装置里提到,织机龙头上方的转轮由于脚踏杆的上下,转盘转动,带动连钩拉条,促使轴轮转动,最终使卷布轴滚动。由于轴轮上齿轮密集,所以卷布轴滚动幅度不大,与织布的进度保持一致。

[贰]其他工具

1. 清水缸:陶质大缸,缸中的水只增不倒,用于原料蚕丝的浸泡,也用于煮后的农工丝的冷却。

2. 翻丝车:顾名思义,用于翻丝。农工丝套在翻丝车的套丝框架上,然后再卷绕到篗子上。

3. 篗子:由六根竹箸交互连成,翻丝后的蚕丝卷绕其上,呈筒状。翻丝、牵经工序中都会用到。

4. 纡管:一头稍粗,一头稍细,形似胡萝卜的空心圆管。摇纡后用于织造。

5. 沙盘:木框围成的长方形,里面放满沙子,牵经时用于固定篗子。

6. 经杆:细长的木条,上面有一排溜眼。牵经时,一个溜眼一根经丝,从而使经丝相互不交叉。

7. 掌扇:一个长方形木框,中间有若干中间宽、两头尖的竹片,

清水缸（蒋羽乾 摄）

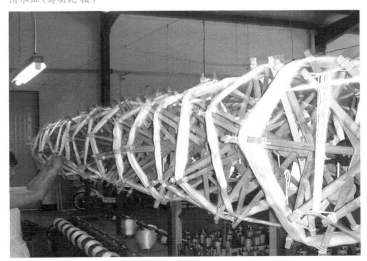

翻丝车

纤管

掌扇（蒋羽乾摄）

牵丝车

每一竹片中间有一个瓷孔。掌扇的作用是牵经时打平纹绞, 使经丝

排列有序。

　　8. 牵丝车: 用于牵经。通过掌扇的丝线均匀地卷绕到牵丝车的

圆框上, 再经由圆框卷绕到经轴上。

工艺流程

杭罗织造技艺的工艺流程比较复杂，以杭州福兴丝绸厂生产的H1226杭罗为例，大致可分为原料蚕丝加工、经纬线准备、上机织造、精炼加工四大步骤，每一个步骤又有多道工序。具体来说，一根纤细的丝线要大致经历蚕丝的筛选分类、浸泡、晾干、翻丝、牵经、穿综、穿箱、打蜡、摇纤、织造、精炼、染色等工序，才能织成飘逸如烟气轻动般的杭罗。

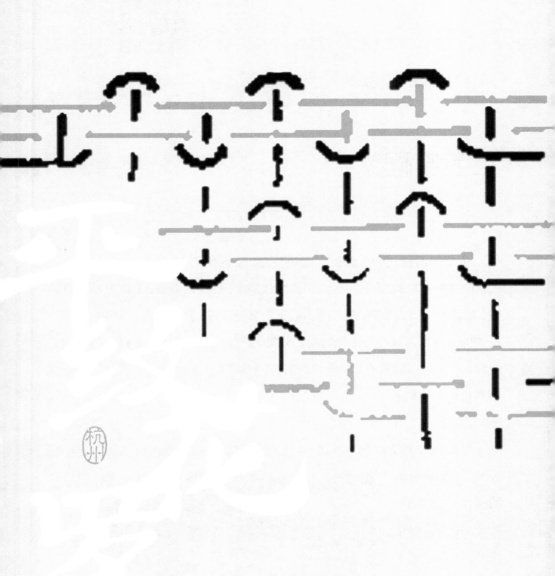

工艺流程

　　杭罗织造技艺的工艺流程比较复杂，以杭州福兴丝绸厂生产的H1226杭罗为例，大致可分为原料蚕丝加工、经纬线准备、上机织造、精炼加工四大步骤，每一个步骤又有多道工序。具体来说，一根纤细的丝线要大致经历蚕丝的筛选分类、浸泡、晾干、翻丝、牵经、穿综、穿筘、打蜡、摇纡、织造、精炼、染色等工序，才能织成飘逸如烟气轻动般的杭罗。

[壹]蚕丝加工

　　原料蚕丝有土丝和厂丝之分。土丝是指农民依靠传统的木制缫丝车缫制出来的蚕丝。土丝已经有很长时间停止生产，市面上买不到了。厂丝是指丝厂里用机器缫制出来的丝。不过厂丝中又有一种质量

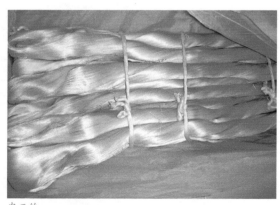
农工丝

较差些的，称为"农工丝"。农工丝的缫制十分费茧，平均七茧抽一丝，而且丝纤维也不是很均匀，条份偏离大，糙块多，为织造带来极大的不便。与农工丝相比，一般的厂丝要纤细得多，而且丝纤维也更加均匀。目前绝大多数丝绸厂家都使用厂丝进行织造，而杭州福兴丝绸厂织造杭罗所使用的却是农工丝。由于采用了独特的织造工艺，农工丝织出的杭罗具有粗犷、挺括、悬垂性好又十分透气的特点，别具一格，深受消费者欢迎。

蚕丝周围包裹着一层由多种氨基酸组成的丝胶，丝胶是造成蚕丝不均匀的主要原因，它使丝线并结，不适宜织造。因此，在织造前，首先需要对其做进一步加工处理。

1. 蚕丝筛选分类。

农工丝进厂后，首先要检验丝的均匀度、强度，加以筛选、分类。筛选的目的是便于下一步脱胶均匀，从而提高丝线的质量。筛选全凭经验，首先是看，看丝线表面是否均匀，然后再用手摸，一般好的做经线，稍差的做纬线。

2. 浸泡。

在将农工丝筛选分类好之后，紧接着要对其作脱胶处理，使纤维分离、松散，制取适合织造的丝纤维。丝胶对于化学药剂的敏感性比丝素高，而且相较于丝素易被水解，生成易溶于水的化合物。利用这个特点，杭州福兴丝绸厂在脱胶时，首先将分好类的农工丝

放入清水中，加入适量酸性溶液，煮沸二十分钟。蚕丝在高温条件下丝胶蛋白更易于溶解，蚕丝上的油脂和杂质等也易被去除。然后将煮过的农工丝捞出，放入清水缸中浸泡。浸泡的目的是为了脱胶，这是一种利用微生物进行脱胶的方法。农工丝在清水缸中浸泡的时候，空气中的细菌在缸中自然生长繁殖，从

农工丝浸泡

而产生蛋白酶和脂肪酶等，促进丝胶和油脂水解而脱除。清水缸中浸泡的时间根据季节变化而有所不同，一般十二小时至一周时间不等。由于在微生物繁殖的过程中也会有杂菌生长，因此，脱胶的清水缸常常有一股异味。

特别值得一提的是，杭州福兴丝绸厂用于脱胶的清水缸里的水从不倒掉，据说缸里面还加入了一种祖传秘方。有了这种秘方，使

得蚕丝得以保持半脱胶的状态，达到绞经时所需要的硬度，不需要额外再对经线进行过浆。

3. 晾干。

农工丝脱胶后，从清水缸中捞出，直接挂到竹竿上进行晾干。

由于蚕丝不能在太阳底下直接曝晒，需要选取背光、通风的地方进行，因此，晾干的时间根据季节、天气的好坏，时间上一天至四天不等。晾干的过程中，还

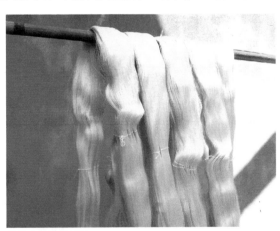

将农工丝进行晾晒

需要用手将丝拉抻、分离，使之恢复松软，避免并结，从而提高纤维的可纺性。随着蚕丝的晾干，原料蚕丝的加工也告一段落，紧接着就可以进入经纬线的准备了。

[贰]经纬线准备

农工丝加工成适宜纺织的丝线后，还不能马上就拿到织机上织造，而是需要将其络到相应的器物上。前文我们提到，经线位于织机的卷经轴上，纬线则在梭箱内，那么我们面前的这一捆捆丝线

是如何成为经线和纬线的呢？一般来说，经线要经历翻丝、牵经、穿综、穿枳身线、穿筘、打蜡几道工序，纬线则要经历翻丝、摇纡两道工序。

1. 翻丝。

翻丝又称"络丝"、"调丝"，是将绞装的丝线卷绕到籰子（土话叫"籰儿"）上的生产过程。

晾干后的丝线是一捆捆的，为了方便下一道工序如牵经、摇纡等使用，需要将丝线卷绕起来。同时，在调丝的过程中，还可以除去丝线表面的部分疵点，如糙结、丝屑和粗节，以提高丝线的品质。

翻丝的主要工具包括翻丝车、籰子。翻丝时，首先要对丝线进行绷拉，使丝线松弛伸展，然后将丝线套到翻丝车的套丝框架上。在

翻丝（蒋羽乾 摄）

套丝时，找出丝线上的平纹绞绕到篗子上，进行翻丝。翻好丝的篗子呈筒状。在翻丝过程中，要注意不能对丝线的物理性能如强力、伸长、弹性等有所损伤。

2. 牵经。

翻好丝后，就可以牵经了。牵经也叫"整经"，是将篗子上的丝线按织物规格要求，如经丝总头份、门幅、长度等均匀地卷绕到经轴上去。杭罗经丝总头份为七千三百根，门幅为73厘米，长度为500米。要将几千根经丝并排有序地卷绕到一根经轴上并非易事。杭州福兴丝绸厂采用的是沙盘整经法，该法在《天工开物》中也有提及。

沙盘整经法利用的其实就是轴架牵经方式。牵经的工具主要有沙盘、篗子、经杆、掌扇、牵丝车等。一百三十八个篗子按一定规律

牵丝车进行牵经

整齐地排列在沙盘中，沙盘起到固定篗子的作用。牵经时，首先将篗子上的丝退解出来，引到上方经杆的溜眼内，每根杆上有七十余个溜眼，一根经丝穿过一个溜眼。经杆平行于地面的高度各有不同，篗子根据经杆溜眼的排列，相应地分成几排，这样，既保证丝线相互不交叉，同时，在牵经的过程中，若出现断头或打滚现象，一看或一拉，就能迅速找到其位置，进行及时处理。丝线穿过溜眼后，再进入掌扇（分经筘）。掌扇的主要作用是打平纹绞，使经丝排列有序。穿完掌扇后的经线成为一束，均匀地排丝于牵经车的圆框上。待圆框上经丝卷绕到预定长度后，剪断打结，再将圆框上的经丝卷绕到经轴上。

圆框上的经丝卷绕到经轴上，必须经过通经。通经的主要工具是通经架子、通经筘、轴布、经轴等。首先将从牵丝车上取下的经丝均匀地扎在经轴轴布上，施以一定的张力。通经时，一人控制经轴羊角和通经筘，慢慢地卷绕经线，一人控制通经架调节送经的速度和张力，中间一人用光滑的竹制通经绞棒清理经丝，不断地将绞棒与软绞往机前移动，清理一段，卷轴一段，交替进行。由于开始上轴时丝条与轴布连接成结的地方会有凸起，造成经丝张力不匀，因此，卷绕开始时，必须衬入一定张数的纸，把凹凸的丝条衬平。卷绕时，还需稳住定幅筘的位置，控制左右偏差，并在经轴的两端加衬边纸，防止出现松边现象。

通经（蒋羽乾 摄）

3. 穿综。

穿综又称"穿经"，是将经线穿过制作好的综片架的过程。在同一组织循环内，相同起落的经线可穿在同一综片内，不同起落的综片则穿在不同的综片内。杭罗织机与别的织机相比，还多了一副绞综（土话叫"枷身线"）。穿综时，除了要穿入普通综片，还要穿入绞综。穿综一般需三人协同工作，机后一人拨绞，中间一人穿综片和绞综，机前一人将穿好的每根经线临时夹在一根调丝用的竖竹棒上，用牛皮纸折叠成长方形，再用细绳系牢在竹棒上。牛皮纸与竹棒之间，上端留出一道能夹住丝的缝隙，每根经线就临时夹在上面。达到预定数量的经线后，将这束穿好的经线打成活结，放在旁边，未穿完的经线重新穿综、夹经。

4. 穿筘。

穿过综片的经线还要穿入筘枪。筘枪的筘号、筘幅与穿入数由织物品种决定。杭州福兴丝绸厂织造杭罗的筘枪有其自己的型号，在市面上买不到，需要自己制作。穿筘一般由两人操作，顺序从织手的左到右。

5. 打蜡。

经线在织机上准备就绪以后，还要进行打蜡，将蜡均匀地涂到经轴与经面上。杭州福兴丝绸厂使用的是自制的土蜡，打蜡的目的是

打蜡（蒋羽乾 摄）

增加经线的平顺度，在织造时使经线顺利通过枷身线而不被卡断。

6. 摇纡。

摇纡又称"卷纬"，是将篗子上的丝线卷绕到纡管上的工序。杭州福兴丝绸厂的摇纡工艺比较独特，翻好丝的篗子需要再次浸泡到加入祖传秘方的水中，然后利用摇纡车，直接引水中篗子上的丝到纡管上，因此也被称作"水纡"。水纡外观与普通的纡一样，摇好后的水纡要一直浸泡在水中。摇纡是织前

摇纡（王曼利 摄）

的最后一道工序。

[叁]上机织造

经线和纬线按上述工艺准备好以后，就可以上机织造了。

1. 织造步骤。

杭罗与其他织物一样，借助织机将纵向排列的经线和横向排列的纬线相互交织。杭州福兴丝绸厂使用的传统罗织机也可形象地称之为"脚踏手拉机"，"脚踏手拉"，概括了杭罗织造的步骤。

所谓"脚踏"，指的是开口装置，即脚踩踏杆，使穿过部分经线的综片上升，带动经面形成梭口。"手拉"，指的是投梭装置，即手拉动手拉柄，利用天轮（升达盘）引导木梭在梭箱内滑动，进行穿纬。然后，以手扣动筘枪，进行打纬。每次脚踩踏板，都会带动连接在卷经轴和卷布轴一端的转盘，使经面往

上机织造（王曼利 摄）

前送，将织好的杭罗卷到卷布轴上。

2. 平纹加固定绞组织造法。

与其他丝绸织物相比，杭罗的独特之处在于，除了构成经纬结构之外，相邻经丝还发生相互扭绞，形成横向排列的绞纱孔。从组织法上看，杭罗采用平纹加固定绞组的方式进行织造。

传统工艺中的杭罗，三梭一绞为三梭罗，五梭一绞为五梭罗，依次类推，最多可织十三梭罗。杭州福兴丝绸厂生产的H1226杭罗，一般为十三梭一绞，即木梭每进行十三次穿纬，相邻经线就要扭绞一次。

不管是多少梭一绞，杭州福兴丝绸厂生产的杭罗，其扭绞方式都是简单的二经绞素罗。以下右图是二经绞素罗的上机图。图中C1、C2为绞综，对绞经起左右绞转作用。二经绞素罗的提综方法是：第一杼：提起C1；第二杼：提起C2，降低C1。

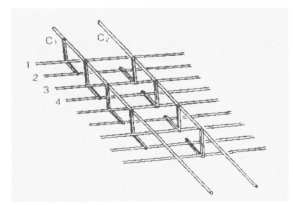

三梭一绞为三梭罗　　　二经绞素罗的上机图

3. 水织法。

行家认为，罗类织物含水织造的为传统特色产品。杭州福兴丝绸厂生产的杭罗正是用传统的水织法来织造的。

杭罗水织法，大致可分为对原料蚕丝的浸水加温处理、摇纤时的浸水处理以及上机时的含水织造等几个方面。前两个方面在上文中已有提及，不再赘述。这里主要介绍一下含水织造。杭州福兴丝绸厂的水纤摇好后，一直浸泡在水中，等到需要织造时，才将水纤从水中捞出，然后直接将水纤装入木梭，木梭再装入梭箱，就可以上机织造了。

水织法是杭罗织造技艺的精髓所在。杭州福兴丝绸厂用于浸泡蚕丝的水中均加入了一种祖传秘方，有了这种秘方，织出来的杭罗面料的舒适度和手感都恰到好处。

4. 打结。

在整个织造过程中，由于罗的经线相互扭绞，容易受力不均，造成断裂，这时候就需要对断裂的丝线进行打结。经线断裂往往不可避免，因此，打结这个工序在整个织造过程中也总是会反复出现。断线后，首先要利用拨经杆从众多的经线中找出断裂的丝线，然后将极细的丝线打结。打结的步骤如下：

第一步：左手所持的丝线在上，右手所持的丝线在下，用左手拇指按住两条丝线的交叉点。

第二步：将右手上的丝线围着拇指绕个圈。绕圈时，右手上的丝

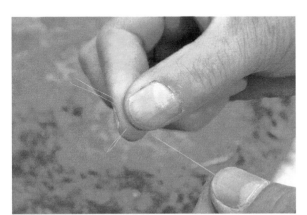

线在上，左手上的丝线在下。绕圈后，将丝线顺势夹到左右手丝线的交叉点上，拇指仍紧紧按住。

第三步：将

打结（蒋羽乾 摄）

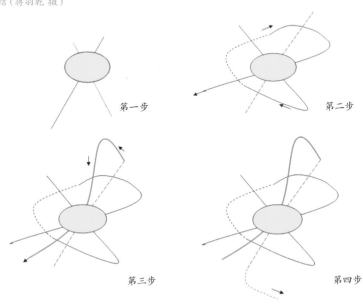

第一步

第二步

第三步

第四步

打结的步骤

左手上的丝线穿过刚才所形成的圈,同样顺势夹到左右手丝线的交叉点上,拇指仍紧紧按住。

第四步:拇指按住左右手交叉点不松开,拉动左手的丝线,圈圈变小,直到变成一个点,剪去多余的线头。

这种打结法,较之其他打结法的优点在于丝线不会从交叉点上滑脱,非常牢固。剪去线头后,看上去好像没断过一样。打结是杭罗织造工艺流程中极为重要的一项,许多学习杭罗织造技艺的人都是从打结开始学起的。

[肆]精炼加工

蚕丝织成杭罗后,还只是粗坯,不能直接做成服装,需要对其进行精炼、染色处理。

1. 精炼。

杭罗粗坯的丝线上仍附着大量丝胶,加之织造过程中使用了独特的水织秘方,织好后的杭罗手感较为粗硬,还需对其进行精炼处理。所谓精炼,就是把丝线上的丝胶和其他杂质进一步除去,达到完全脱胶状态。精炼时,将已经织成的杭罗粗坯吊挂在机筒中进行脱胶,然后将其放入清水中漂洗,晾干,成为半成品。经过精炼处理的杭罗轻盈柔软,富有光泽。

2. 染色。

由于蚕丝颜色洁白,由蚕丝织成的杭罗颜色也较为单一。为了满足人们对于色彩的追求，杭罗经过精炼后，紧接着就要对其进行染色处理。首先，将半成品的杭罗吊挂在机筒中，配制适当的染料进行染色，然后放入清水漂洗、晾干，成为成品。经过染色处理后的杭罗色彩鲜艳。

　　过去没有什么环保概念，杭罗织造出来以后，机户们直接将杭罗拉到今天的贴沙河里进行精炼和染色。现在，杭州福兴丝绸厂的精炼和染色均已包给专门的工厂进行，而他们自己则专门从事杭罗的织造。

杭罗织造技艺的民俗现象

杭罗织造曾经有过很大的声势。在杭城东部，「机杼之声，比户相闻」，有相当大的一个群体都从事着丝绸织造这一职业。久而久之，在他们中间也就形成了不同于其他人群的传统民俗，主要表现为他们对于机神的信仰、禁忌，以及他们之间的结社和传说、歌谣等。

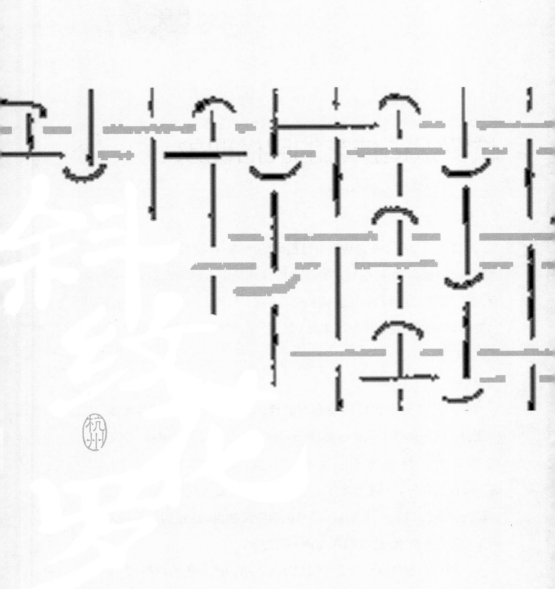

杭罗织造技艺的民俗现象

回想当年,杭罗织造曾经有过很大的声势。在杭城东部,"机杼之声,比户相闻",有相当大的一个群体都从事着丝绸织造这一职业。久而久之,在他们中间也就形成了不同于其他人群的传统民俗,主要表现为他们对于机神的信仰、禁忌,以及他们之间的结社和传说、歌谣等。

[壹]机神信仰

机神是历史上包括杭罗在内的丝绸机坊工匠们共同信仰的行业神。杭州最早的机神庙始建于明代,位于艮山门东园巷。据记载,机神庙原为五开间三进,甬道宽阔,前为放生池(里人称为"大荡"),岸有照壁。一进为戏台,两厢有看台,正殿名"机神殿",中祀轩辕氏黄帝,左伯余,右褚载,后又祀西陵氏嫘祖。后殿为玉皇殿,两侧有僧房及斋堂。建筑面积为1200平方米。

正殿所供奉的轩辕氏黄帝被机坊工匠尊为丝织业的始祖,传说他打败蚩尤后,蚕神为了表示祝贺,亲自把她吐的丝献给黄帝。黄帝见了非常喜欢,他叫人把丝织成了绢子,做成礼服。黄帝之妻西陵氏嫘祖后来去寻找能吐丝的蚕种,并采来桑叶把它精心饲养起来,因此，民间将嫘祖尊为蚕神，同时也尊称其为"机神娘娘"。正殿左边供奉的伯余是黄帝的臣子，相传是他发明了机杼以制作衣裳。右边供奉的褚载，据传是初唐名臣褚遂良九世孙。传说他从扬州迁到杭州，把扬州先进的技术带到这里，杭州一带的丝织业由此兴起。人们感激他，也把他祀为机神。

机工们在机神身上寄托了各种有关丝绸织造的美好愿望。他们根据自己的想象，特意将机神塑成三只眼睛，以佑大家眼明、心灵、手巧。而织造的顺遂、机坊生意的兴隆等也全都寄托在了机神身上。因此，杭州机神庙香火非常兴旺。每逢春、秋两季，机工们都会聚集到庙里，举行隆重的祭祀仪礼。一般招收学徒，也总会安排在这时候一并举行，以示隆重。晚上，同行聚餐，演戏敬神，于是这一天也就约定俗成地成为了杭罗等丝绸行业的节日。民间的这种机神信仰也得到了官方的认同。旧时，凡地方官员到任，必须到机神庙拜祭，并行三跪九叩大礼，祝祷杭州丝绸昌盛，这被认为是为官一任造福一方之举，可见当时机神信仰之流行。

后来，随着丝绸行业的不断壮大，为了满足行内人祭祀的需求，杭城又多出了两座机神庙。一座在涌金门织造局边上，俗称"上机神庙"；另一座在艮山门外闸弄口，俗称"下机神庙"。

"文化大革命"期间，下机神庙因"破四旧"而被拆除。曾经香火鼎盛的机神庙如今已难觅踪影，只留下"机神村"这个地名在无声地告诉来往的人们这里曾经香火鼎盛。尽管机神庙已被拆除,织工们无法再去机神庙祭祀,但是他们仍虔诚地秉持着机神信仰。

随着时间的流逝,民间所信奉的机神,内涵也在悄悄地发生着改变,普通机工可能已不清楚机神具体是指黄帝、伯余、褚载中的哪一位。民间俗信,织机本身就有神灵,并且相信这个神灵平时就住在织机里面。由于织机形状类似一条龙,而且在整个丝织过程中会用到大量的水,所以杭州民间又往往会把机神形象地称作"机龙王菩萨"。

以前机神庙还未被拆除的时候,杭城的机坊主们在过完年正式开工之前,都会带上供品到机神庙祭祀,以祈求机神护佑在新的一年织造顺遂,生意兴隆。后来,由于机神庙已毁,机工们已无法再去机神庙祭祀,但是每年开工前祭祀机神的习俗则一直被保留了下来。

据杭罗织造技艺代表性传承人邵官兴回忆,每年正月初十或十五日机坊正式开工前,邵家都会在厂房里举行祭祀机神的仪式。祭祀机神的前一天晚上,邵官兴的妻子洪桂贞早早地准备好供品、香烛和元宝等。祭祀当天起个大早,将需要烹制的供品提前做好,然后端上桌,摆好盘。

供品一般是六样或八样,通常是水果两盘,活鱼一条,鸡整只,带皮猪肉一块,豆腐皮、豆腐等素菜两盘。另外,还准备六只酒杯和六双筷子，老酒一瓶，红蜡烛一对，香一把，金元宝若干。具体摆放位置如下图：

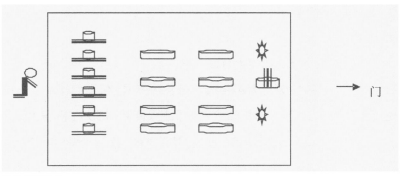

供品摆放位置

祭祀时间一般选在早上八点，整个祭祀过程由当家人邵官兴独自进行，女性不参与。祭祀流程如下：

1. 点燃香烛，倒黄酒，对着大门方向祭拜。边拜边向机龙王菩萨祈祷，希望机龙王菩萨保佑新的一年里杭罗织造顺顺利利。

2. 到门外放炮仗，回来后再倒黄酒，再祭拜。

3. 几分钟后，焚烧纸元宝。

4. 熄灭蜡烛，将点燃的香从香案中取出，放进烧元宝的盆子，祭祀活动结束。

整个祭祀仪式简单肃穆，充满了对新年的美好祈愿。平时，如遇到织造不顺遂的事，如经线频繁断掉导致杭罗织造效率不高，或者手指在织罗时被割破，往往会认为是自己在某一方面不小心得罪了机龙王菩萨，这时也会去买块肉请机龙王菩萨，以求得机神的谅解，重新得到保佑。

[贰] 行业禁忌

杭罗织造行业在历史上有过一些禁忌。

织造过程中的禁忌大都与机龙王菩萨有关。机工们非常崇信机龙王菩萨，以为机神平时就寄住在织机里。因此，每次在机房织罗，他们都非常认真专注，以避免犯忌而得罪机神。这些禁忌主要有：

1. 机工心情不好，不能上机操作。如果带着情绪织罗，会被视为是得罪机神的表现。

2. 织罗时不能大声喧哗，更不能在机坊里胡乱发脾气。

粗看杭罗织造过程中所须遵守的禁忌，其出发点都是免得冒犯机神。仔细想来，其中也有一定的道理。杭罗织造是个非常繁复、细致的过程，其间会有很多经线因受力不均而断裂，如果在织造的时候打闹喧哗，或者状态不好，那么就有可能忽略了这些断裂的经线，从而导致织出来的杭罗成为次品。

在杭罗工艺的传承方面也存在着禁忌，主要指枷身线的传承禁忌。枷身线是杭罗织机上最为核心的机件，它由一组线综构成。在穿枷身线时要求非常高，每一幅线综的松紧度和长度必须一致。因此，穿枷身线是一项非常繁琐、费时费力的工艺，只有心细如发的女子才能完成。为此，历来禁止男子学习杭罗的穿枋身线工艺。

[叁]民间结社

在传统社会里，民间同行业为了维护自身利益，形成传统组织形式——行会。历代在名称上有所不同，明清时，不称"行会"而称"公所"、"会馆"等，民国以后，改称为"同业公会"。 同业公会的主要活动为：出面代表会员权益，反对苛捐杂税和社会摊派，沟通会员间经济信息，协调经营业务，调解与仲裁内部纠纷，调剂与分配货源，制止掺杂做假、以次充好等一系列不正当竞争。 行会集会地点，大都选定在各业祖师神庙，定期聚会，还分春、秋两季祭祀各业祖师。

旧时杭州的丝绸行业也有自己的民间组织，行内的人为了维护自己的共同利益，联合起来，组成了丝绸公会，活动地点就在机神庙。平时机神庙有专人管理，供应茶水。行业中的人大都喜欢在此聚会，交流行情，切磋技艺，洽谈生意，排解纠纷。

杭州的丝绸业祀奉褚载为祖师神。相传他从扬州迁到杭州，把织机技艺传授给人们，使得这里的丝织业大盛。于是机工们感恩戴德，在褚家堂（今忠清巷）建通圣土地庙祭祀他，并且祀奉他为丝绸行业祖师神。丝绸公会的活动地点最初就在该庙中，后来有了专门的活动地点。近现代杭州丝绸业中比较知名的这种组织有观成堂、大经堂和云锦堂，人称"丝织三堂"。

观成堂初建于今杭州下城区忠清巷内，它的主要成员是杭州的民办机坊主。清光绪年间又搬到保信巷内，大兴土木，精心架构，占地二十亩，形成了一个颇具规模的建筑群，人们都称它为"绸业会馆"。各地丝绸商贾来到杭州，总要到这里来洽谈商务。会馆对于推动杭州丝绸业的发展，可谓功不可没。此外，大经堂是杭州下城一带零机户的丝绸公会，而云锦堂则由杭州郊区的机坊和机户们联合组成，在它的下面，又分设新塘处、尧典桥处和石弄口处三个分支机构。

旧时杭罗大都由零机户织造，零机户分散独行，势单力薄，他们以祭祀行业祖师的机神庙为联络点互通情报，后来依托丝绸公会来交流信息，进行买卖。据邵官兴回忆，杭罗织好后，机户们就将杭罗拉到今艮山门、建国北路一带。那时候这里有一座吊桥，过了吊桥有丝绸公会的绸庄，机户们将织好的杭罗卖给绸庄，然后经由绸庄再将这些杭罗销售出去。机户们在卖杭罗时，还需要交一定的税，税率大概是1%，由绸庄代为征收，在交易时直接上交。新中国成立后，丝绸公会没有了，国家行政部门进行管理，当时邵家的杭罗机坊就是由余杭的乡镇企业管理部门进行管理的。

明朝初年曾做过杭州府学的徐一夔所撰《始丰稿》，其中有一篇叫《织工对》，文章记载了当时丝绸业中的雇佣关系。徐一夔在一个偶然的情况下访问了杭州相安里住所附近的一个丝织机坊，这个机坊里的十余名机工在一间将倒的老屋里每天辛苦地织绸到深夜。

当作者问话时，一个姓姚的机工答道："我的行业虽然低贱，但每天的佣钱为二百缗。它是我生活的来源，靠着这些收入养活着我的父母妻子。"后来，这个姓姚的机工因手艺高超，被另一家机坊以加倍的佣金雇去。新机坊主认为："得一工胜十工，倍其值不吝也。"但这毕竟只是少数，多数机工收入微薄。

当年的机坊工人由于忍受不了残酷的剥削，曾多次联合起来推选行首，采用散伙、停工、聚众评理等手段与机坊主展开斗争，要求增加工资，改善生活待遇。在杭州市东园巷小学内的机神庙旧址，曾经保存有两块弥足珍贵的石碑。那是清道光年间经杭州府批准由各机坊主所立的针对工匠的九条"禁革"。

[肆]传说与歌谣

杭罗是由蚕丝织造的。关于蚕的起源，当地民众口耳相传，有一则马头娘的故事颇为生动。

相传在很早很早以前，一个商人常年在外经商，只留下自己的女儿和一匹白马在家中。小姑娘非常想念父亲，有一天，她对白马叹道："你若是能把我的父亲带回来，我就嫁给你。"那白马仿佛听懂了一般，嘶叫连连，最后竟绝缰而去。

父亲见了自家的马，大吃一惊。他发现马望着来的方向哀鸣不已，以为家里出了什么事，连忙骑上马疾驰回家。

到了家里，见女儿平安无事，父亲放下心来，同时对这匹马啧啧称奇，以后的喂养更是悉加小心。但那马却非常反常，一连几天粮水不进，若是看到姑娘出入，便扬蹄摆头，非常暴躁。几次三番，父亲觉得蹊跷，私下里问了女儿。女儿把自己许婚的事说了出来。父亲一听，大发脾气，说：这是家族的耻辱，我是绝对不会把你嫁给一匹马的。

父亲找来弓箭，暗地里观察了几天，找到机会射杀了那匹马，而且还将剥下的马皮挂在大堂中。姑娘泪流满面地抚摸着马皮，突然，马皮从竹竿上滑落下来，正好裹住了姑娘的身子。这时，忽然刮起一阵旋风，将他们刮出门外。

父亲看得目瞪口呆，却也不知如何去救。过了好一会儿，才回过神来，急忙出门寻找。寻了好些天，都没有结果。忽然有一日，他在一棵树上发现了女儿。只见雪白的马皮紧紧地裹在姑娘身上，姑娘的头已变成了马头模样。她扭动着身子，嘴里不停地吐出亮晶晶的丝来。从此以后，人们便饲养起这种动物来，一直到现在。由于它浑身雪白，总是用丝来缠住自己，因此大家就把它叫做"蚕"（"缠"的谐音）。人们还把那棵树叫做"桑（"丧"的谐音）树"。

还有一个故事，说最早养蚕织绸的人是嫘祖。

传说远古的时候，西陵有位名叫嫘祖的公主，年轻貌美，聪明伶俐，部落里人人都喜爱她。

有一天，嫘祖在桑树下搭灶烧水。她一边向灶下添火，一边看着桑树上白色的蚕虫吐丝作茧，越看越出神。忽然，一阵大风吹过，一只蚕茧从桑树上掉了下来，跌进沸水锅里。嫘祖怕弄脏了开水，用了一根树枝去打捞蚕茧。谁知一捞两捞，蚕茧没有捞起来，却捞起一根根洁白透明的丝线，而且越拉越长，拉个没完。嫘祖又用一根短树枝将丝线绕起来，绕成很大一团。

嫘祖望着这一团洁白的丝线，忽然想起她和姑娘们一起用植物筋织布的情景，心中产生了用这种丝线代替植物筋来纺织的念头。她又采了几颗蚕茧绕成丝线，动手一试，果然织成了一块白白的丝绸。往身上一披，雪白柔软，美丽别致，部落里的姑娘看了都十分惊喜。嫘祖开始教她们采集树上的蚕茧来抽丝织绸，后来就自己采桑养蚕，缫丝织绸。

不久，轩辕部落与西陵部落联盟，聪明的嫘祖嫁给了轩辕部落首领。结婚时，嫘祖用自己织的丝绸做了一身漂亮的衣衫，还用凤仙花瓣将它染成红色，红艳照人，更加美丽。她给轩辕部落首领做了一身宽松的衣裳，用黄澄澄的果实染成黄色，金光闪闪，轩辕部落首领穿了十分威武，从此，部落中人都称他为黄帝。

因为嫘祖最早开始采桑养蚕，后来的蚕农们就尊称她为先蚕。他们尊黄帝为机神，尊嫘祖为机神娘娘。

杭罗织造是辛苦而又枯燥的劳动，阴暗潮湿的环境，单调重复的操作，难免使人厌倦。尤其是在晚上，万籁俱寂，只有织工在昏暗的灯光下重复地开口、投梭，开口、投梭，更是感觉无聊。为了提精神，解疲劳，和着那呱嗒呱嗒的机梭声，机工们唱起了歌谣。久而久之，人们把在机坊里唱的歌称为"机歌"，又称"织歌"。

机歌通常采用对唱形式，内容广泛。其中有一类直接诉说机坊工人的艰辛生活，字字血，声声泪，真实地记录了历史，显得格外珍贵：

劝君莫要学机房，机房好比坐班房。

一饭一粥没保障，半夜三更卧冷床，老来无用做和尚。

另一首则唱道：

梭子两头尖，歇落无饭钱。

织的绫罗缎，穿的破烂衣。

有一类机歌属于情歌范畴。下面这首从民间采录的《织绫罗》，形象地描写了织绫罗少女因思念情郎而烦躁的心情：

郎拉田里稻六棵，姐拉上头织绫罗。

"昨日头介夜要织三个长头布，今日为啥断断续续呒声音？"

嘴快囡唔答回娘：

"晴燥天公断头多，光起火来提起火，扯掉格只绫罗掼掉

格只机。"

还有一类机歌与机工的生活、感情无关，但由于歌词朗朗上口，节奏与织罗的速度相合，与机坊工人有着不解之缘。近现代杭州的书坊里印行过一种石印小唱本，一般为六十四开大小，薄薄的一册，

在地摊上出售。其中有一首长篇叙事歌《朱三与刘二姐》，当年就曾经在这一带的机房里广为传唱过。

如今，由于杭罗生产改用了电气化设备，震耳欲聋的机器轰鸣声早已将那些悠扬婉转的机歌湮没在了历史的长河里。

杭罗织造技艺的传承

历史上的杭罗生产，根据规模可以分为机坊和机户两大类，与此相应，杭罗织造技艺的传承也有师徒传承和家族传承两类。

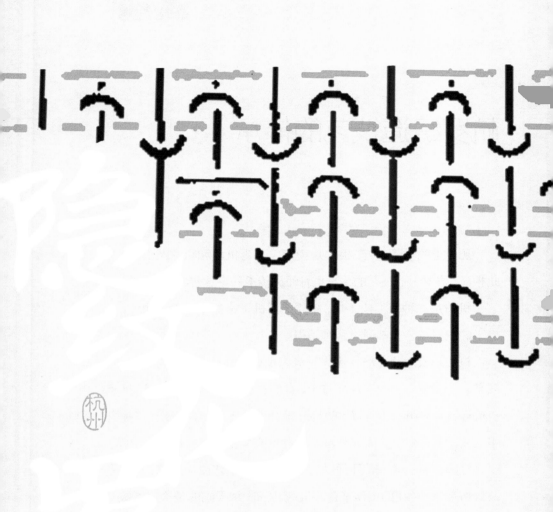

杭罗织造技艺的传承

[壹]杭罗织造技艺传承的习俗

历史上的杭罗生产，根据规模可以分为机坊和机户两大类，与此相应，杭罗织造技艺的传承也有师徒传承和家族传承两类。

机坊是一种手工业工场，需要大量机工来集中生产。历史上，机工的织罗技艺大都通过拜师习得。

机坊招收学徒、伙计，事先须经亲朋好友介绍引见，然后选定日期举行拜师礼，有的在逢年过节，有的在行业祖师爷的生日，地点在机神庙。拜师时，点上大红蜡烛，请师傅坐上座，学徒要行三跪九叩大礼。拜师礼后要请拜师酒。有的要给孝敬师傅的红包，有的还要签订师徒合同。一般拜师以后并不马上学手艺或学生意，而是先做机坊杂务。学徒的工作辛苦，却没有工资。每天吃的是冷菜剩饭，每月发点理发之类的零用钱，年终只发几块压岁钱。旧时，杭州流传一首民谣说："学徒盖的旧被头，出师穿着破布头。在世困在炉灶头，死后丢在荒山头。"由此可见机坊学徒的辛苦。

与机坊的师徒传承相对的是机户的家族传承。历史上，杭州城东郊机户众多，几乎家家户户都在织绸，其中当然也包括了杭罗。据老人们回忆，当年走在运河两岸，可以随时听到轧轧的机声。农民在蚕桑生产之余，自己在家中制造丝绸的，俗称"田庄机户"。城镇居民不养蚕，他们可以在自己家中安个机子，买进茧丝来织绸，俗称"零机户"。机户的织罗技艺一般都是家族传承。

以杭罗织造技艺代表性传承人邵官兴家为例，其传承谱系如下：

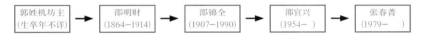

| 郭姓机坊主
(生卒年不详) | → | 邵明财
(1864—1914) | → | 邵锦全
(1907—1990) | → | 邵官兴
(1954—) | → | 张春菁
(1979—) |

从邵家的传承谱系上，可以明显地看到杭罗织造技艺具有师徒传承和家族传承两种。首先是邵家织罗第一代传承人邵明财，他的织罗技艺得益于年轻时作为学徒在杭州艮山门莫衙营的郭姓机坊里织罗的经历，后来他将自己习得的织罗技艺传给了儿子邵锦全，邵锦全又将该技艺传给了儿子邵官兴。邵官兴是邵家织罗技艺集

邵锦全（杭州福兴丝绸厂 供稿）

成者，他是杭罗织造技艺代表性传承人。如今，他又将自己的织罗技艺以及邵家祖传的杭罗水织秘方传给了女婿张春菁，张春菁是杭罗织造技艺新一代的传承人。

　　杭罗织造技艺除了上述的家族传承和师徒传承外，杭罗的穿枷身线工艺至今还保留着独特的传承习俗。我们知道，男耕女织是对于小农经济男女搭配的最好诠释。后来，随着丝绸产业的不断扩大，男性逐渐加入并最终主导了织造业，丝织不再是女性的专利。而杭罗却有其独特之处，枷身线是杭罗织机的重要机件，没有枷身线就没有杭罗的经丝相绞。由于杭罗穿枷身线工艺需要极大的细心与耐心，非女子不能完成，因此，该项技艺就一直由女性来传承。而为了使家族的杭罗织造能够更好地发展下去，邵家的穿枷身线技艺在传承人的选择上一直秉持着传媳妇不传女儿的习俗。当年邵官兴的妻子洪桂贞嫁到邵家以后，由于邵官兴将来要继承杭罗机坊，婆婆就将穿枷身线工艺亲手教给了自己的儿媳妇，而没有教给自己的女儿。现如今，秉承着同样的目的，洪桂贞决定把自己穿枷身线的技艺传给自己的女儿邵国飞，希望女儿、女婿能够一起将家传的杭罗织造技艺发展下去。

[贰]杭罗织造技艺代表性传承人

　　杭罗，这个以地名命名的丝织品种，见证了罗在杭州生产的盛况。杭州，这个曾经"机杼之声，比户相闻"的城市，如今只有杭州福兴丝绸厂一家仍在用传统工艺生产杭罗，该厂厂长邵官兴及其家人是目前杭州市范围内可以确认的杭罗织造技艺的唯一传承人。

　　邵官兴出生于1954年，初中毕业。他十七岁开始就跟随父亲邵锦全学习织造杭罗，而邵锦全的技艺则传自其父邵明财。

邵官兴未曾见过祖父，他对祖父的印象都来自于父亲的口述。在邵官兴心中，祖父是个了不起的人物。邵明财生活在清末，那时候，杭州艮山门外机坊众多，杭

邵官兴（杭州福兴丝绸厂 供稿）

罗织造颇具规模。邵明财就在艮山门外莫衙营的一家郭姓机坊里学艺，用土织机织造杭罗。由于邵明财为人聪明，一天能织两丈杭罗，因此深得机坊主喜欢。后来郭姓机坊主将自己拥有的四台土机中的一台分给了邵明财。靠着这一台织机，邵明财开始独立经营，逐步创建下了一份不小的家业。现在杭州福兴丝绸厂拆迁后位于九堡工业园区内的新厂房，有一半的土地曾属于邵明财。这一切实在是太巧合了！邵家的邻居们都说，这是邵官兴的祖父在佑护着他们。邵官兴也觉得，或许真是冥冥中的安排，给当时面临困境的杭州福兴丝绸厂以帮助，使得杭罗得以传承下去。

　　邵官兴回忆自家织罗的历史，尤其是父亲和自己经营杭罗机坊时所经历的巨大变迁，不禁感慨杭罗的发展与时代变迁的紧密联系。

　　邵锦全经营杭罗机坊时期，我们的国家正发生着剧变。从1937年抗日战争爆发至1949年新中国成立，其间杭罗手工作坊遭受了前所未有的打击，全市杭罗织机数量不足十台。1954年邵家尚存两台杭罗手工织造设备。到了1958年，随着生产资料私有制向公有制转变，杭州丝绸制造技术不断更新。1962年，杭州市首次大规模地对十几种规格不统一的织机进行改造，杭罗也在其中。接着，由于"大跃进"的影响，仅考虑大幅度增产而放弃了杭罗的水织秘方，改良后的杭罗特性发生了质的变化，从工艺到成品，从手感到穿着舒适度都出现了明显的下降。幸运的是，当时的杭罗传人邵锦全充分意识到杭罗水织秘方的重要性，将杭罗织机的全套设备都完整地保留了下来。1966年"文化大革命"开始，丝绸织造行业又一次遭受打击。直到"文化大革命"后期，邵家才重新打造了织机，偷偷地织起了杭罗，而这一次开工，距离上一次已经过去了五六年。

　　正是在"文化大革命"后期，邵官兴开始正式接触杭罗。邵官兴是家里的老幺，上面还有哥哥、姐姐，他们都会织杭罗。但由于织罗非常辛苦，哥哥、姐姐们最后都选择种田去了，只有邵官兴愿意继承父亲的那五台杭罗织机，继续以织罗来养家。

　　邵官兴从小在机房长大，在他的记忆里，小时候艮山门外几乎每家每户都在织罗。对于那时的人而言，织杭罗是养家糊口的营生，邵家也是如此。杭罗织好后，父亲总会拉着装满杭罗的洋轧车到艮山门吊桥一带的运河码头去卖，然后再买些油、盐、米、肉等东西回家。邵官兴很喜欢跟着父亲去卖杭罗，因为这样他就可以进城去感受运河码头上杭罗交易的热闹景象了。每次进城卖罗，父亲一般都会给他买几颗糖吃。在物质匮乏的年代，这几颗糖在邵官兴眼里是无比珍贵的。儿时这段关于杭罗的美好回忆也就成了他乐于继承杭罗作坊的原因之一。

　　邵官兴正式学习杭罗织造后，父亲根据家里织造杭罗的人手需要，让邵官兴从摇纤开始学起。摇了三年纤后，父亲觉得他已经能够静下心了，这才开始让他学习翻丝等其他的织罗工艺。除此之外，他还跟作坊里的老师傅学习织机修理，从而掌握了织机各个部件的构造。邵官兴心灵手巧，"文化大革命"期间，那些被存放在机坊内的织机，由于长期搁置不用，积了厚厚一层灰，许多人都拿去当柴火烧掉了，而邵官兴则将其拆解后制作成手推车等工具，因此，对于织机构造他娴熟于心。现在杭州福兴丝绸厂里放着的一台木制织机，就是邵官兴和厂里的老师傅在20世纪80年代亲手制作的。平时机坊的杭罗织机出现了什么问题，也都是他亲手解决的。一般只需听一下声音，查看十来分钟，邵官兴就能知道是什么毛病，他很快就独当一面了。

对于农户私底下织造杭罗，"文化大革命"后期的政府部门采取了睁一只眼闭一只眼的态度，并未加以干涉。邵官兴坦言，由于经历了"文化大革命"，对于重新织造杭罗，自己内心还是忐忑不安的。他至今仍记得很清楚，当时九堡镇党委书记公开鼓励大家织杭罗，这给邵官兴吃了颗定心丸。随后，这一带的杭罗机坊逐渐多了起来，当时的国有企业红卫丝织厂，也就是后来的红霞丝织厂也开始织起了杭罗。特别是到了20世纪80年代，九堡一带的大道边矗立着众多宣传杭罗的广告牌。邵官兴家的机坊也在此时得到了很大的发展，1984年左右成立了杭州福兴丝绸厂。当时厂里共有八台织机，每台织机三个人，再加上摇纤、牵经的工人，一共有四十多人在织罗。谈起这段杭罗的鼎盛史，邵官兴眼睛里闪烁着光芒。

然而，由于杭罗使用传统工艺织造，生产效率十分低下，随着经济的发展，杭罗逐渐失去了市场竞争力，很多杭罗机坊纷纷倒闭，一些规模较大的丝绸厂也停掉了杭罗的生产。到目前为止，只有邵官兴经营的杭州福兴丝绸厂一家仍然在坚持用传统工艺生产杭罗。不得不承认杭罗并不赚钱，有时候甚至还要亏钱，邵官兴就用厂里电子绣花赚的钱来补贴，维持杭罗的生产。

邵官兴对杭罗很有感情，这几十年，他跟随着杭罗起起伏伏，但一直不肯放弃，因为从他正式学习织造杭罗以来，内心深处早已将杭罗织造当成自己一辈子的事业。杭罗是邵官兴的骄傲，而这份骄傲的背后，也有他的妻子的默默支持。

洪桂贞生于1956年，是个朴实的女人，当初她嫁给邵官兴的时候，肯定不曾想到自己有一天还会因为杭罗而成为杭罗织造技艺代表性传承人之一。她嫁进邵家后就开始学习织造杭罗，因为这是夫家的生意，也是自己和丈夫两个人的小家以后的谋生手段，因此，她学习得特别认真。和邵官兴一样，她也是根据家里的人手需要，先从最简单的工艺开始学习，帮助家里织造杭罗。据洪桂贞回忆，她首先学习的是打结。杭罗在织造的过程中，由于绞经受力不均，经常会发生断裂，因此，打结是杭罗织造最基本的工艺。由于洪桂贞学习能力特别强，再加之非常用心，她很快就精通了打结这门手艺，而且打得又快又好。学习其他工艺也是如此，因此深受公婆的赏识。婆婆还将家传的穿枷身线工艺教给了她。枷身线是一套手工编织的线组，由上下两组规格既定的线圈组成，每一线圈长短和松紧度要求必须一致。这是杭罗织机上最重要的构件，有了枷身线才能使杭罗经线互绞。枷身线需要定期更换，用得仔细可以用一年，一般几个月就要重新更换。更换一副枷身线一般需要几天的时间，做时不能聊天说话，只在吃饭时停一下。穿枷声线全凭手感，耐心也很重要，一般人不一定能学会。洪桂贞学习得很认真，天资聪颖的她很快就将如何穿枷身线的技艺娴熟于心了。

邵家以前的机坊就是普通的家庭作坊，除非特别忙的时候需要请人之外，平时基本上都是家里人自己干活。洪桂贞和邵官兴织罗都是一把好手，手艺很高，一天的织罗量比其他人织得都要多。邵官兴自信地说，由于厂子发展需要，尽管这些年自己处于管理岗位，很少再去亲自动手织罗了，但是如果真的要去织，自己肯定不会落在别人后面的。洪桂贞自从嫁进邵家接触杭罗以来，一直是邵官兴的得力助手。现在，杭州福兴丝绸厂的规模日益扩大，除了平时抓厂里的织罗质量外，那么多台织机的枷身线仍然是她亲手穿，如果哪个工人请假，她还要顶替上去。这些年来，邵官兴夫妇俩经历了风风雨雨，但他们始终坚持着将杭罗织造技艺继承和发展了起来。现在，夫妻俩的最大心愿是将杭罗织造技艺传给自己的女儿和女婿。

邵官兴的女婿张春菁生于1979年，北京人，以前学的专业是财务，来杭州之前从来没有接触过杭罗。说起自己第一次进厂房的经历，他笑言一开始很不适应。由于杭罗织造的需要，厂房环境比较阴暗潮湿，而且还伴有一股异味。他很奇怪宛若云纱的杭罗怎么会是在这样一个环境中生产出来的。后来，他听邵官兴说起杭罗并不赚钱，有时候甚至还要亏钱，他就建议停掉杭罗生产，改做其他更有经济效益的丝绸行当。当时，邵官兴对于女婿的建议并没有作任何评价，只是提出要给他做一身杭罗的衣服穿穿。正是这一套衣服彻底改变了张春菁对于杭罗的看法。张春菁至今仍记得自己第一次穿上杭罗时的那种惊喜，杭罗质地轻薄，特别透气，他不禁感叹世界上怎么还会有这么好的东西！从那以后，他再也不提关掉杭罗织机的事了，而是每天跟着父亲进出机房，虚心地学习杭罗生产的各种工艺。

对于这个女婿，邵官兴很是满意。在他看来，现在这个浮躁的社会中，像女婿这样的年轻人能够接受和喜欢杭罗，并真心诚意地学习杭罗织造技艺，实在是很难得。杭罗织造其实是个特别苦的手艺，这些年来女婿能够坚持下来，并始终保持着较高的兴致，如果不是真心喜欢杭罗的话，换谁也做不到的，所以他教导女婿也是分外用心。

由于南北方存在着较大的方言差异，张春菁听不太懂杭州的方言。邵家平时在一起都用普通话交流，生活上不存在什么问题。但是在学习杭罗织造方面，语言问题确实给张春菁造成了不小的麻烦。说起自己在学习织罗时由于语言不通而生出的种种趣事，张春菁举了个简单的例子。有一次，父亲跟他提到一个织机小部件弯头鞠，可不知道怎么用普通话来正确表达，只好一遍又一遍重复"弯头鞠"这个词，可把张春菁给搞糊涂了。最后还是邵官兴想了个办法，他直接将张春菁拉到织机前，将弯头鞠指给他看。实物讲解法有效解决了语言不通的问题，后来邵官兴对于张春菁的传授都是在织机边上完成的。张春菁现在已摸清了织机的所有构造以及织罗的工艺流程，并且他也已能够熟练地在织机上织罗了。

邵官兴的女儿邵国飞生于1978年，大学毕业以后，放弃了外面优越的工作条件，回到了杭罗厂里。她从小就接触杭罗，母亲平时也时不时会教给她一些像打结这样的织罗技艺，但是对于杭罗的重要部件枷身线，她却未曾接触过。毕业回家后，她向母亲洪桂贞认真学习家传的穿枷身线工艺，准备将来像母亲协助父亲那样，和张春菁一起好好将杭罗织造经营下去。

对于邵家以及杭州福兴丝绸厂而言，张春菁与邵国飞的加入，不仅仅是对杭罗织造技艺的传承，更为重要的是，他俩给杭罗的发展带来了生机。张春菁和邵国飞认识到网络在现代人尤其是年轻人生活中占据着的重要位置，于是他们建立了杭罗的专门网页，在网络上进一步宣传和发展杭罗。他俩还很重视杭罗的织造文化，搜集整理资料，在厂里建立起了杭罗博物馆。

女儿、女婿对于杭罗的热忱，邵官兴都看在眼里。他说，杭罗质地轻薄透气，是非常好的丝绸品种，在历史上曾有过几次辉煌，但现在的日子却不好过。一直以来，使杭罗重新走入人们的生活是自己努力的目标，而这也是邵家人共同的愿望。现在，他对于杭罗的未来充满了信心，因为一家人很团结，一起在为这个目标而努力。

杭罗要发展，最为重要的是提高生产效率。一直以来，杭罗生产全靠人工操作，没有半点机械化。一般一个熟练的机工每天最多也就只能织三四米罗。要想提高杭罗效率，就必须对杭罗织造设备进行改进。但邵官兴深知，杭罗作为地方名产之所以能够声名远播，主要是由于其特殊、复杂的工艺。传统杭罗的手工织造，从原料到工艺一直遵循着口耳相传的传统手工杭罗水织法，而这又为杭罗织造设备改造设置了很大的难题。如何保持杭罗水织法的原汁原味，又能够提高杭罗织造的生产效率，成了邵官兴要解决的核心问题。

凭借二十多年的织罗经验，邵官兴在改良杭罗之初，对可能遇到的困难进行了全面的考虑。这些问题包括以下几个方面：一是杭罗所需原料蚕丝的选择及杭罗改良织机基本构成材料的选择问题；二是如何保持杭罗面料风格及特性的问题；三是如何充分发挥杭罗水织法优势的问题；四是杭罗织机核心构件枷身线适应机械化改进的问题；五是转换传动方式后织机各零部件的调试问题，使改良的杭罗织机能够在保证成品质量的前提下连续稳定运转。

在妻子洪桂贞的帮助下，邵官兴花了五年的时间，将上述问题大致上给予了妥善解决。

首先是原料的选择。杭罗在历史上所使用的原料主要是农家土法缫制的土丝，后来改用农工丝。通过反复对比，邵官兴最终放弃普遍采用的厂丝，仍选用规格与土丝近似的农工丝。他认为农工丝具有粗犷、挺括、悬垂性好、弹性好等一般厂丝无法媲美的特性，但是缺点也很明显，生产成本高，蚕丝条份偏离大，燥块多，为织造带来极大的不便。

为此，邵官兴与缫丝厂协商，要求将缫丝条份偏差控制到最小，清洁指标在九十分以上。并且协同缫丝厂的技术人员对蚕丝测试、挑剔等各缫丝工艺严格把关，缫制特级农工丝，从而为杭罗的改良提供了稳定的原料来源。

传统杭罗手工织机的整体构造主要是木结构和少量金属零件，难以承受电机传动所带来的巨大压力。为此，邵官兴将织造龙头几乎全部改用金属铸造，驱动轴、传动轴、齿轮盘、升达盘等也采用金属单独铸造。由于机器运转时震动较大，对接地面使用螺栓固定，保障了改良杭罗织机的稳定运行环境和基本构造。

其次是保持杭罗面料风格的独特性。杭罗面料风格独特，简单概括为厚实、挺括、孔眼清晰，就是既要厚又要舒适透气。影响杭罗面料特性的因素除了原料，更重要的是经纬密度的配置，过大的密度会使杭罗的织物表面不平整，而较小的密度无法体现杭罗厚实、挺括的特点。按照传统杭罗的密度推算结果大致设定了改良杭罗的经纬密度后，邵官兴开始进行细微调整。经过一次又一次的调试后，最终确定了合适的杭罗经纬密度。

其三是发挥杭罗水织法的优势。杭罗水织法是传统杭罗织造技艺的精髓所在，一方面直接影响杭罗成品的面料风格、舒适度和手感，另一方面又为杭罗织造提供了良好的经纬特性，防止经线断丝频繁、纬线稀松、纬斜等病疵的产生,同时,由于是半脱胶处理,还可以省略整经时重复上浆的步骤。杭罗水织法十分复杂,很难掌握,为此,邵官兴将杭罗的水织法浓缩为短语形式的口诀,便于使用和操作,为提高杭罗的生产效率和稳定质量奠定了基础。

然后还要解决杭罗绞纱装置的改良。没有一套质量优异的枷身线,就无法在杭罗表面形成等距的菱形纱孔,也就不能称之为"杭罗"。传统枷身线是一套手工编织的线组,需要定期更换,费时费力。邵官兴尝试使用金属综代替枷身线,但却发现织机运行时几乎不能实现正常的绞纱,于是只好仍采用传统的枷身线。穿枷身线一直是妻子洪桂贞在做,为了帮助邵官兴,她不厌其烦地调整枷身线的松紧度和长度,由于长时间手工抽拉丝线,洪桂贞的手指上出现多处淤血。但功夫不负有心人,最终他们还是制作出了合适的枷身线,为杭罗织机的改良成功创造了必不可少的条件。

最后是织机的细节调整,保障了织造的连续性。由于杭罗的上机经线张力较手工织机的瞬间总张力是一般织物的三倍多,经线条份多而密,开口机构及前后走撬连接壳体座产生严重的倾斜和抖动,往往会导致两种现象:一是传动零件迅速磨损、断裂,引发织造事故;二是经线断丝率高居不下,不仅影响织造速度,而且还使成品外观瑕疵屡屡出现。

虽然邵官兴善于制作杭罗织机零件,但他从未有机会系统学习机械构造，因而，当面对这样的现象时，邵官兴一时也想不出有效的办法。他曾尝试通过降低经线张力的办法来解决，但其结果是导致传动轴无法将经线张力正常传导至开口装置，在织梭时，梭口开口不完全，织造中断频发。可见简单的处理几乎不可能解决整个织造系统连动的问题。这是杭罗改良以来遇到的最艰难的问题，必须将大部分传导、传动零件拆卸后逐一修改，而且失败的概率非常高。凭借多年的织罗经验，通过不断地反复实验，邵官兴克服了重重

经过改良的杭罗织机

困难，最终完成了传统杭罗水织秘方的半自动化改造。经过改良的杭罗织机，能够在保证质量恒定的情况下，每天每台机器生产杭罗18至20米，比原来的手工织机生产效率提高了六倍多。

杭罗织造技艺的保护

传统的手工杭罗很难应对市场竞争的客观形势，原先的厂家和机户纷纷停止了杭罗生产。这个丝绸中的稀有品种，正面临着濒危的困境。如何保护这一非物质文化遗产的话题，已经刻不容缓地摆在了我们面前。

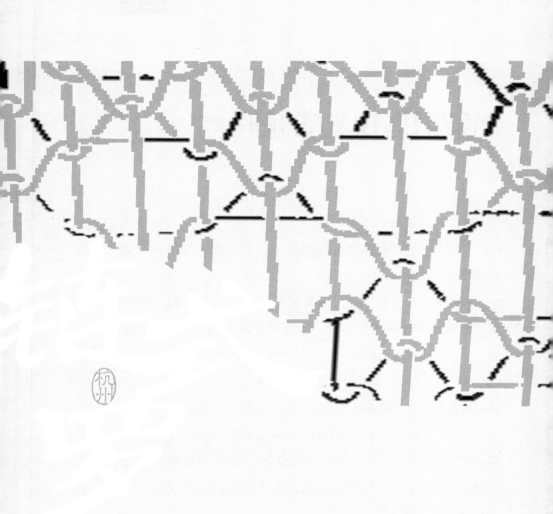

杭罗织造技艺的保护

[壹]杭罗的用途与特色

杭罗作为一种丝绸产品,它在当下是不是还有一定的经济价值和实用价值呢?

我们说,由于化纤织物的不断普及,许多人不再穿着丝绸服饰,这固然是个无法回避的事实。不过,我们还要注意到事物的另一面。丝绸是一种纯天然织物,穿在身上特别透气。在崇尚回归自然的今天,许多人重新追求起丝绸、棉麻一类织物而形成了新的时尚,这也是我们应该予以密切关注的一种新趋势。

杭罗,作为丝绸大家族中的一个稀有品种,近年来固然产量锐减,阵地大大缩小,不过它仍然还是有着一定的市场销路。据了解,国内几家丝绸业老字号商家,一直都在经销着杭州福兴丝绸厂生产的杭罗,对其有着较高的评价。

苏州乾泰祥丝绸有限公司的负责人丁桂根说:"不少老年人爱穿杭罗做的衣服。这种衣服特别透气,穿着舒适、凉爽,不起痱子,而且耐穿。"

北京瑞蚨祥绸布店的王经理则说:"杭罗在我们这儿卖火了。

一些华裔特别喜欢，就连外国的一位首相夫人，也特意上门购买，用杭罗来做中式服装。"

据穗高制衣公司称，杭罗在日本也深受欢迎。

[贰]杭罗织造技艺的濒危状况

在现代化进程中，由于经济结构的改变，传统的蚕桑丝织正面临着危机。在杭嘉湖一带的蚕乡，养蚕的农户急剧减少，已是一个不争的事实。这一带的年轻农民大多不愿养蚕而开始转向工商业，究其缘由，毕竟养蚕太辛苦而收益又很低微，于是只留下一些老年人还在勉为其难地养着一些蚕，生产规模明显萎缩。这一带的自然生态环境也由于工业化而发生了变化，不少土地已不适宜栽桑养蚕。而在丝绸工业领域，情况更加不容乐观。化纤织物的迅速崛起，改变了大多数中国人的服饰习惯。许多传统丝绸企业在激烈的市场竞争中受挫而渐趋萎缩，或是频频倒闭，或是不得不转产，坚持生产传统丝绸的厂家越来越少，几乎到了难以寻觅的地步。丝绸产业大滑坡是我们不愿意看到的局面，但是它还是出现了。

就说杭罗吧，原先在杭州市范围内有许多作坊、工厂都在生产着杭罗，这才形成了它如此显赫的名声，这应该是一个谁也不会怀疑的事实。然而到了21世纪初，只剩下杭州福兴丝绸厂一家仍在坚持采用传统手工技艺生产杭罗。

事情的发生也有其偶然性。2005年8月，位于九堡镇的杭州福兴丝绸厂接到有关部门的土地征用通知，知道自己厂房所在的那块土地已被划入规划中的杭州市江干区经济科技园区，这块土地已经变为工业用地，因此必须搬迁。

搬迁可不是一件容易的事，要知道杭州福兴丝绸厂生产杭罗的织机，是1983年底由几位老师傅根据祖传技艺打造出来的，大多由木头或竹片组成。时隔多年，当年的老师傅相继离开人世。再说这种传统机械的拼装本来就不是一件易事，弄得不好，拆开之后就再也装不回去了。

在万不得已的情况下，杭州福兴丝绸厂只好向杭州市委、市政府，江干区委、区政府提出了要求保护的书面报告。当时的一些媒体也纷纷报道了这件事，呼吁各方面引起重视。

这件事很快引起了杭州市委、市政府的重视。杭州市委领导两次批示，要求将保护杭罗列入"弘扬丝绸之府"的工作之中，让群众知道杭罗，让杭罗名扬世界，以确保杭罗织造技艺不因工厂搬迁而失传。杭州市经委也为此事专门发文，会同有关部门帮助解决杭州福兴丝绸厂因拆迁而遇到的一系列困难。这件事的最终解决，应该说是令人满意的。通过这样一次因搬迁而带来的一系列事件，反过来倒是让更多的人知道了杭罗。

杭罗织造技艺已经濒危，这是不争的事实，只是以前许多人不知道而已。现在因为杭州福兴丝绸厂的搬迁，捅破了窗户纸，让许多人都知道了。

2005年9月9日，中国丝绸博物馆副馆长周也印等几位专家来到杭州福兴丝绸厂考察，临走时特地写下了这样一段文字："经我馆实地考察，杭州福兴丝绸厂目前仍采用传统工艺生产H1226杭罗，技术精湛，质量上乘，是杭州地区唯一的生产厂家。为使其不至于失传，建议政府部门采取切实措施，给予保护支持。"

正是在这样的背景之下，杭州福兴丝绸厂开始受人关注，杭罗织造技艺也先后被批准列入杭州市和浙江省非物质文化遗产名录。2008年6月，杭罗织造技艺被国务院公布为第二批国家级非物质文化遗产，"申报地区或单位"则是杭州福兴丝绸厂。

杭罗织造技艺之所以被列入我国的各级非物质文化遗产名录，并且又作为中国蚕桑丝织技艺的重要组成部分而进入世界遗产名录，确实有着一些十分重要的原因。

首先，当然是因为杭罗的历史悠远。罗的历史，如果说它早期曾被称之为"越罗"，那么至少可以追溯到春秋战国时期。作为杭罗，它大概形成于南宋时的都城临安（今杭州），元明清以降，则代有传人，绵延不绝，终于成为杭州丝绸产品中的一个标志性品种。杭罗积淀了如此厚重的传统文化因素，自然令人刮目相看，杭罗织造技艺在我国科技史上因此也就理所当然地有着珍贵的学术价值。前面已经提到，学术界通常把杭罗作为罗的代表性品种来予以介绍，杭罗织造技艺的典型意义不言而喻。

其次,杭罗的濒危状况也是必须引起高度重视的事实。如前所述,偌大一个杭州,如今只剩下一家福兴丝绸厂硕果仅存,还在坚持生产杭罗。杭罗织造技艺的稀缺性必然会引起各方面的密切关注,再不保护,将是上对不起祖宗、下对不起子孙的一个大过失了。

[叁]杭罗织造技艺的保护

作为地方特有的丝绸品种,杭罗曾经与江苏的云锦、苏缎并称为"东南三宝"而驰名中外。然而,在现代化进程中,这种局面已难以为继,杭罗很难应对市场竞争的客观形势,原先的厂家和机户纷纷停止了杭罗生产。这个丝绸中的稀有品种,正面临着濒危的困境。如何保护这一非物质文化遗产的话题,已经刻不容缓地摆在了我们面前。

说起杭罗的保护,我们首先要说一说杭州市政府在这方面所做出的巨大努力。前面我们已经提到,2005年9月,由于杭州福兴丝绸厂所在土地被划作科技经济园区,本不属于园区招商范围的杭州福兴丝绸厂面临着异地搬迁的困境。为此,杭州福兴丝绸厂向政府有关部门提交报告,要求予以保护。杭州市经委为此事专门发文,会同江干区政府、江干科技经济园区管委会,首先帮助该厂落实拆迁,平价解决土地12.048亩,补助搬迁费三万元,并指示有关单位为该厂拆迁和恢复正常生产提供方便。很快,杭州福兴丝绸厂顺利搬迁到新址,生产运营恢复正常。杭州市政府从各方面给予扶植,杭州市政协还专门提交关于杭罗保护的提案。2009年8月，杭州市委、市政府在第十次工业专题协调例会上把杭州福兴丝绸厂的杭罗织造技艺的保护与发展列为专题进行了研究。在各级政府部门的大力支持和帮助下，杭罗织造技艺先后被列入江干区级、杭州市级、浙江省级、国家级非物质文化遗产名录，2009年，它又作为中国蚕桑丝织技艺的重要组成部分，入选世界非物质文化遗产名录。邵官兴及其妻子洪桂贞被列入杭罗织造技艺代表性传承人。凡此种种，无不说明各级政府和相关部门在这方面已经做出了巨大努力。在此期间，各种新闻媒体对于保护杭罗的话题也展开了热烈的讨论，形成了很大的声势。广大市民开始对杭罗产生浓厚的兴趣，这都预示着杭罗的前景，也是保护杭罗的重要保障。

特别是在中国蚕桑丝织技艺列入世界非物质文化遗产名录之后，关于杭罗织造技艺的保护更是迫在眉睫。保护杭罗，已经不是杭州福兴丝绸厂内部的事务，而势必成为一个必须在更大范围内获得关注的大事。

时任浙江省文化厅厅长杨建新在关于浙江省入围世界文化遗产项目情况的通报会上，对于如何保护这样一大批弥足珍贵的世界文化遗产，向在座的新闻媒体提出了指导性意见，他说：

世界遗产蕴含着一个民族特有的精神价值、思维方式、想象力，体现着中华民族的生命力和创造力，是民族智慧的结晶，也是人类文明的瑰宝。世界遗产的多寡，是衡量一个地方文化软实力的重要标志。在"申遗"成功的欣喜之际，我们应该清醒地认识到，入围"世遗"为相关地带来了荣耀，带来了历史性的机遇，但也对保护工作提出了前所未有的要求，赋予了保护区不可推卸的历史责任。

对于各相关项目保护责任地政府，对于各级文化主管部门来说，当地的"非遗"项目入围"世遗"，意味着必须切实承担起保护的责任。对于已入选的项目，我们将按照《保护非物质文化遗产公约》的要求，认真履行申报时的承诺，依据保护规划，积极采取政策法规扶持、加大经费投入力度、资助传承人开展传习活动、开展生产性保护、建立资料档案及数据库、建立专题博物馆及传习所、鼓励出版、举办展示活动等措施，并调动项目所在地、保护单位的积极性，调动社会力量，共同参与保护工作。

世界遗产的保护，非物质文化遗产的保护，重在唤起全社会的文化自觉。当前最重要的是做好普及工作，告诉公众什么是非物质文化遗产，什么是世界遗产，世界遗产的价值在哪里？只有明白了文化遗产的重要价值和独特作用，才能使社会和公众珍视并切实保护好文化遗产，使本民族和全人类永远拥有并享用这样的文化财富。

在成功地冠上"世遗"的名号之后，如果仅仅将其视为广告招牌，只注重其宣传影响和经济效益，而不是注重"世遗"本身的人文价值，注重"非遗"保护工作，那将是对"世遗"项目和"非遗"保护工作认识上的错位和扭曲，也是缺少文化自觉的表现。

这个指导性意见对保护杭罗显然至关重要。目前，杭州福兴丝绸厂正在有关部门的直接领导下，逐步实施一系列保护措施。

2008年末，杭罗生产性保护传承基地建成投产，这为杭罗的发展创造了条件。接下来，杭州福兴丝绸厂将着力打造一个自有的杭罗品牌Atayz。众所周知，一个知名的品牌可以创造更高的经济效益，而品牌的建立和推广则离不开企业文化。杭州福兴丝绸厂企业文化的核心就是杭罗的传统手工技艺。在与杭州福兴丝绸厂的人接触时，可以真实地感受到他们对传统手工技艺的珍视。

目前，杭州福兴丝绸厂正在组织专人进行杭罗织造技艺的调查和研究，并建立数据库。同时，也在努力搜集、整理杭罗织造技艺发展史的相关材料。接下来，杭州福兴丝绸厂计划建立杭罗文化园。设想中的文化园将种桑养蚕、杭罗织造手工作坊、手工染色作坊、手工制衣等传统技艺整合在一起。该园建成后，可以用来展示杭罗的传统工艺流程，进行真正意义上的活态传承，在此基础上进一步健全杭罗织造技艺的传承机制，同时还可以向学术研究、旅游、休闲、展览等方面延伸发展，让每个人都有机会亲自动手织造杭罗，这样的前景无疑是令人鼓舞的。

附录: 杭罗织造技艺相关报道

最后一家杭罗厂发出SOS

（原载《杭州日报》2005年09月20日，记者：陈良江）

绫、罗、绸、缎是我国丝绸中的代表产品，历史悠久，名扬中外。罗因产自杭州故又称为"杭罗"，质地过硬，有口皆碑，是杭州的骄傲。但近年来，在现代工艺的夹缝中，杭罗的发展一直举步维艰。现在生产杭罗的工厂由于面临搬迁，又不得不再次接受生存的考验。

"弄不好，杭罗很可能将在未来几年中退出市场。谁来救救杭罗吧！我不想让这一传统工艺消失在我手中。"昨天上午，杭州福兴丝绸厂的负责人邵官兴打进12345市长公开电话求助。

质量过硬 杭罗蜚声中外

昨天下午，记者来到位于九堡的杭州福兴丝绸厂。在几间泥房里传出了机器的轰鸣声，几个年轻的纺织女工在机器前熟练地操作着，蜚声中外的杭罗在这里加工而成。看着光洁平挺，匀净细致；摸着挺括滑爽，柔软舒适，确实是精品。

邵官兴向记者介绍说：在汉朝，杭罗就开始生产了。因其为纯蚕丝织造，历朝为宫廷所用。到清朝，杭罗到了鼎盛期。因杭州所产的蚕丝质地好，所织造的杭罗紧密结实，风格雅致，受到宫廷推崇，驰名中外。

"罗分为横罗、直罗、花罗，我们厂生产的H1226杭罗是横罗。花罗的工艺目前已基本失传，在杭州具有横罗生产工艺的企业也仅 我们一家了。"王师傅今年六十岁，是厂里的机修工，从事机修工作已有三十五年，对杭罗有着深厚的感情。"杭罗看上去特别光亮，穿着滑爽、凉快，吸汗作用好，夏天穿着不会长痱子，南方人都特别喜欢穿"。

工艺复杂 发展举步维艰

杭罗过硬的质地、良好的口碑得到了各地经销商的一致认可，其中不乏北京"瑞蚨祥"、苏州"乾泰祥"这样的百年老字号，都与杭州福兴丝绸厂保持了良好的业务关系。

"尽管这样，杭罗的发展依然举步维艰。"邵官兴介绍说，杭罗的生产工艺复杂，精通生产工艺的技师少之又少，厂里原来聘请的几位高级技师现已退休。前些年丝织品不景气时，技师们曾想通过改良生产工艺的办法来降低成本，但终因技术和资金不足而无法实施。当时本着保护民间手工艺的原则，通过经营其他行业来继续维持其正常生产，故生产工艺依然停留在半手工状态。

"8月24日，政府向我们发出了征用本厂土地的通知。机器本身由木头和金属零件组成,拆卸组装实非易事。原有技师年过八十,无力协助。但杭罗的制作对机器的精确度要求特别高,相差百分之一就无法生产。"邵官兴说。他希望在搬迁过程中,政府相关部门能找些高级技师来帮忙。

呼声四起 保留传统工艺

"如若得不到政府的保护和支持,有着二百八十多年历史的H1226杭罗的生产工艺就有可能失传,其产品也可能将在未来几年退出市场,这样的话实在太可惜了。希望政府有关部门能给予支持和保护,从而使H1226杭罗在中国丝绸史上继续流传,并能发扬光大。"邵官兴动情地表示。

苏州的乾泰祥丝绸有限公司是一家有着一百四十年历史的老字号,经理丁桂根得知情况后,表示非常惋惜:"目前很少有厂家生产杭罗了,而能保持原汁原味生产工艺的就只有杭州福兴丝绸厂。我们之间保持了二十多年的业务关系,如果因为这次搬迁不生产杭罗,绫、罗、绸、缎就会缺少'罗',那将会是件很遗憾的事。"

中国丝绸博物馆得知消息后,立刻请了高级丝绸专家到该厂进行考察。周也印副馆长说:"杭州福兴丝绸厂目前仍采用传统工艺生产H1226杭罗,技术精湛,质量上乘,是杭州地区唯的一生产厂家。为使其不至于失传,建议政府部门采取落实措施,给予保护支持。"

用地性质改变　杭罗面临两难选择

（原载《第一财经日报》2005年9月26日）

最近，由于工厂所在土地被划入杭州市江干区科技经济园区，土地变为工业用地，"百年老店"杭州福兴丝绸厂（下称"福兴厂"）正面临着搬迁或是买地的两难选择。

搬迁，传统工艺可能失传

罗，丝绸的一种，原产自杭州，所以也称"杭罗"。而福兴厂是目前全国仅存的能用传统工艺生产正宗杭罗的厂家。但因为近两年原料价格的上涨，福兴厂基本上是在亏本经营。8月24日，政府向该厂发出征用土地的通知，福兴厂由此陷入两难境地。

由于机器本身是由木头和金属零件组成，在拆卸组装搬动过程中很容易损坏，而杭罗的制作对机器的精确度要求特别高，相差毫厘就无法生产，原有技师又已年过八十，无力协助。

"弄不好，杭罗很可能将在未来几年中退出市场。我不想让这一传统工艺消失在我手中。"福兴厂厂长邵官兴心急如焚，打进市长电话求助。

据中国丝绸博物馆副馆长周也印介绍，现在生产杭罗的并不只福兴厂一家，但其他厂家产品已经失去了杭罗的精髓。

"运用传统工艺生产的杭罗，手感特别柔软，即使用热水泡也不会走样。而采用现代工艺制作的会比较粗糙，用热水泡就会起泡。"邵官兴说。

邵官兴的呼吁引起了政府部门和社会各方的关注。近日，杭州市委书记下发批示，要保护好杭罗。杭州市经委纺织服装处的王处长说，今年的西湖博览会，福兴厂的杭罗可以免费参展。周也印也表示，如果真的要搬，会帮助他们联系高级技工，以保证机器在运输过程中尽量不受损害，或者在搬动后帮助调整机器。

买地，资金短缺

据了解，杭州市经委已向邵官兴表示，他们会向政府反映情况，争取不搬。但因为政策关系，不可能让福兴厂无偿使用土地，可能要按照土地价格把土地买下来。

邵官兴说，福兴厂刚建立的时候是集体性质，免费使用村里的土地。转成私营性质以后，每年向村委会缴纳少量的租金。如果现在的地价在二十万元/亩以下的话，他可以考虑接受。但记者从江干区科技经济园区管委会处了解到，现在园区工业用地地价是四十五万元/亩。福兴厂所在的20亩地价值近千万元，这对邵官兴来说无力承受。

邵官兴介绍，福兴厂目前日子很艰难，每米杭罗的生产成本约二十六元六角，而实际售价却只有二十三元至二十四元左右。厂里一共有六台机器生产杭罗，原来一年的产量大约是10万米，现在仅4万米左右。现在厂里仅靠做一些绣花业务维持生产，补贴损失。之所以没有放弃杭罗生产，主要是为了保护这几近失传的传统工艺。

邵官兴说，从他爷爷辈开始，家里一直以生产、销售丝织品为生。到目前为止，邵家已有一百多年杭罗生产史。

杭罗介绍

杭罗与苏缎、云锦同被列为中国东南地区的三大名产。杭罗原产于杭州，是由纯桑蚕丝织制的罗织物，故名"杭罗"。以平纹和纱罗组织联合构成，其绸面具有等距、规律的直条形或横条形的纱孔，孔眼清晰，质地轻柔滑爽，穿着舒适凉快，耐穿耐洗。多用作夏季衬衫、便服面料。

在浙江桐乡农村，很多新婚夫妇都要买上几米杭罗放在箱底，一直留到老，他们相信这样可以让家运旺盛。

行家到了政府急了客户赶来了　杭罗困境激起关心无数

（原载《青年时报》2005年09月21日，记者：张晶）

杭州福兴丝绸厂，杭州唯一拥有木制织造机并用传统工艺生产杭罗的老厂，如今面临搬迁尴尬：老式木织造机要拆，可没人能重装。此事经《青年时报》报道后，引起各方关注。

怀念：八十四岁老杭州失落的杭罗

"杭罗，现在真的还有啊？"电话那头传出老人激动的啜泣声。八十四岁高龄老人邵鹏飞给时报打来电话。

"小时候，家里条件不好，穿的是土布衣服。看到别人穿杭罗，很羡慕，吵着要穿。"

邵老说，那时做一件杭罗衣服的价钱，够全家七口人一个月的生活费，所以父母没答应。后来，有位远房亲戚见他可爱，带他上街做了件杭罗外衣。可他反而舍不得穿了，一直放在樟木箱里，搬家时却丢了，成了童年时代最大的遗憾。

"我要去买杭罗做衣服，一定穿上，过把瘾。"从时报上得知杭州还有杭罗，邵老激动万分。

行家没想到找到了织造老手

一些谙熟丝织机技术的老手也很着急。田老伯原是杭州丝织装造厂的工人，与丝绸织造机打了一辈子的交道。"我做的是装造，机器生产时都要经过我亲手调拨。福兴厂的那些机器是正宗传统机器，而且是杭州丝织厂的资深师傅打造的，那我或许能帮上忙。"

田老伯说会抽空上门去看看。

田老伯还想通过他认识的原杭州丝织厂的师傅们，一起帮忙寻找能重装机器的人。

政府多花工夫也要保存下来

杭州福兴丝绸厂的困境也引起政府部门的重视。

12345市长电话已将此事向市领导专题汇报，并建议召集相关部门召开协调会，妥善解决杭州福兴丝绸厂的困境。

"真没想到，拆迁还拆出宝贝，杭州唯一一家传统横罗生产厂家藏在这里。"昨天，江干区科技经济园区管委会方副主任也与记者取得了联系。

方副主任表示，既然杭州福兴丝绸厂有这么重要的意义，在安置上他们会优先考虑。对于搬迁起来有困难的机器，会请厂家提前做好保护性措施，并上报具体方案，将会视方案补贴搬迁费用。

"放心好了，既然是宝贝，我们也会相当重视的，多花工夫将它保存下来"。

来自北京的鼓励邵厂长感动极了：不能让它断在我手上

昨天下午，北京瑞蚨祥绸布店负责人王经理特意从北京赶到杭州，希望邵厂长能将正宗高质杭罗生产到底，千万不要就此

"罢工"。

面对读者的关心、政府部门的重视，合作多年的客户千里迢迢赶来打气，邵厂长感动极了："真是没想到，那么多的人还在关心着杭罗、支持着杭罗。"

他说，虽然现在厂里是亏本的，但只要搬迁中机器生产能力不受影响，厂肯定会继续办下去，杭罗要继续生产。"杭罗的生产技术是我们家代代相传的，这太珍贵了，我不能让它断在我手上"。

杭罗的困境

（原载《浙江日报》2005年9月26日，记者：梁臻）

绫、罗、绸、缎中的罗，由纯桑蚕丝织成，原产杭州，故名"杭罗"。位于九堡镇的杭州福兴丝绸厂，是目前为数不多的杭罗生产厂家之一，但正面临困境：厂房要搬迁，老织造机要拆，但如何装回去却成了问题。该厂邵厂长说，机器是1983年底由老师傅根据自家祖传生产工艺打造的，除了一个呈门字形的铁架与轴承外，其余部件都是用木头或竹片制造。那些老师傅大都已离开人世，健在的也已无力重新拼装机器了，但要整机搬离也很困难。邵厂长说，最近几年，厂子年年亏钱。"要不是为保住传统产品、为了杭罗，我真想放弃了"。

丝博会让"杭罗"的未来不是梦

（原载《杭州日报》2005年10月10日，记者: 陈良江）

罗因产自杭州，故又称"杭罗"。杭州福兴丝绸厂，作为杭州唯一拥有木制织造机，并用传统工艺生产杭罗的老厂，如今面临搬迁尴尬: 老式织造机要拆，可没人能重装。厂长邵官兴无奈向12345市长公开电话求助。

一石激起千层浪。此事一经报道，引起了有关部门的密切关注。市委领导专门对此作了批示，要求将保护杭罗列入"弘扬丝绸之府"的工作中去，让群众知道杭罗，让杭罗传唱世界。

市民: 库存杭罗卖个精光

"哪里能买到杭罗？"读者方女士给杭州日报85109999大众热线打来电话，"杭罗穿着滑爽、凉快，母亲以前一直穿。但近些年，市场上一直都买不到杭罗。"

年轻人买杭罗孝敬老人，老人对杭罗更有一种难以割舍的情结。"杭罗很透气，穿着很舒服，夏天穿不会长痱子。"七十多岁的曹先生有一套已经褪色的杭罗，现在市场买不到了，他一直藏着，舍不得丢。

杭罗的报道也激起了许多读者对杭罗的兴趣。9月24日，数十名读者驱车前往位于九堡镇的杭州福兴丝绸厂参观、购买杭罗。短短一个多小时，厂里库存的杭罗全部售罄。

行家：杭罗命运我们关心

杭罗的命运也引起了一些谙熟丝织机技术的老师傅的关注。史师傅等几位原杭州丝织厂的师傅专门到杭州福兴丝绸厂察看了情况。田老伯是原杭州丝织装造厂的工人，与丝绸织造机打了一辈子的交道，调试过各种织造机。"我做的是装造，机器生产时，都要经过我亲手调拨。福兴厂的那些机器，是正宗传统机器，是杭州丝织厂的资深师傅打造的，我或许能帮上忙。"田老伯说要上门去看看，并想通过他认识的原杭州丝织厂的师傅们，一起帮忙寻找能重装机器的人。

经销商：主动上门订货

一些经销商看到其中的商机，纷纷找到杭州福兴丝绸厂要求订货。"丝绸店、旅游公司等多家单位都找上门来了，想跟我们合作，要求订货。"拿着厚厚一叠订货单，邵厂长内心无比喜悦。

北京瑞蚨祥绸布店负责人王经理特意从北京赶到杭州。"将正宗高质的杭罗生产到底，千万不要因为搬迁而'罢工'。"王经理说，"让杭罗继续下去，我们这一代是有责任的！"

政府：杭罗将亮相丝博会

　　杭州福兴丝绸厂的困境也引起了政府部门的高度重视。9月22日下午，杭州市经委派纺织服装处人员专门到现场实地走访调查，并落实了一系列工作：为扶持丝绸工艺发展，拓展传统丝绸产品市场提供平台，与"2005中国国际丝绸博览会"组委会协商，同意为杭州福兴丝绸厂免费提供一个展位，目前企业已办理了展位确认手续。同时，为保护丝绸传统工艺和产品，杭州市经委已把杭罗等系列丝绸传统工艺产品的保护、开发列入明年"弘扬丝绸之府、打造女装之都"的工作计划中。

　　在企业用地问题上，江干科技经济园区管委会表示，将会大力支持和配合，初步考虑在格畈村村级发展留用地中予以解决。鉴于企业目前的生产规模小，不具备单独申请项目用地条件，江干科技经济园区将协助企业搬迁至现成的标准厂房进行生产和保护。为避免设备二次搬迁造成的损坏，江干科技经济园区管委会将在拆迁前落实生产场地，以便企业作一次性搬迁，并给予一定的设备搬迁补偿费。市经委也已联系原杭罗企业的技术人员，可以为企业提供相关信息和技术的有偿服务。

丝博会:专访杭罗

（原载中国女装网2005年10月21日）

　　曾在前段时间引起社会各方关注的、目前杭州地区唯一一家采用传统工艺生产杭罗的杭州福兴丝绸厂在本届丝绸博览会上同样吸引了众多的专业观众。杭州福兴丝绸厂厂长邵官兴在接受本网专访时对记者笑言，短短一个上午的时间里，就已经有很多对杭罗有兴趣的参展商前来洽谈业务，目前一名来自台湾的客商已经与工厂初步确定了合作意向。

作为中国东南地区三大名产之一的杭罗，因其特有的透气、爽滑的特点，一直受到了中老年人的喜爱。自从9月份杭州福兴丝绸厂面临搬迁困境、向社会发出求救信号后，政府、专家及各方人士纷纷伸出援手。政府在搬迁问题上给予了特殊照顾，本届丝博会也为杭州福兴丝绸厂免费提供了一个展位，很多热爱杭罗的本地人更是纷纷上门求购，一时间，杭州福兴丝绸厂的杭罗全部售罄。

现在，杭州福兴丝绸厂在市委、市政府的关心和扶持下，已经有了扩大生产规模的初步打算。邵厂长说，杭罗不仅受到了国内消费者的喜爱，在国外也拥有一定的市场。与杭州福兴丝绸厂合作了二十年的北京"瑞蚨祥"，其利用杭罗生产出来的服装甚至是国外某位首相夫人的钟爱之物。邵厂长还说，现在厂里只有八台可以生产杭罗的机器，他打算搬迁之后多添置一些，把杭罗发扬光大，让更多的人都可以穿上杭罗。此外，在杭州市经委的建议下，邵厂长还准备今后在生产杭罗的同时也生产杭纺，争取把同样也要失传了的杭纺推广到市场上去。

杭罗亮相丝博会　五十万元订单喜临门

（原载《青年时报》2005年10月25日）

杭州唯一一家用传统工艺生产杭罗的老厂——杭州福兴丝绸厂，曾因搬迁而面临停产的尴尬，经时报报道后，杭州市政府非常关注，"2005中国国际丝绸博览会"组委会还为其提供免费展位。

"福兴"昨天首次出现在丝博会上。

"福兴"的展位是B区42号，展位前，挂着大幅的杭罗宣传画。

厂长邵官兴笑着告诉记者，市场反响不错。除北京、苏州一些老客户的订单外，还陆续接到了天津、台湾等地客户的订单，"一个上午就接了五十多万元的订单"。

邵官兴说，为了准备此次展览，他们动足了脑筋。组委会规定，前天下午三点钟才能入场。可是他实在等不及了，上午十点就过来盘算如何布置展位。"很多人不知道杭罗派什么用场，那么我们就通过自己做样板服装，以模特穿着效果来展示形象"。尽管如此，邵官兴的女婿说，在展示杭罗的特色上还是有些遗憾，"少了个棉袄。以前有人做棉袄喜欢用杭罗。本来我们也想把棉袄作为展品，但时间来不及"。

展台上，整齐地放着一匹匹杭罗。记者还发现，展示的杭罗颜色比以往丰富多了。

邵官兴介绍，以前厂里的杭罗颜色不多，以白、蓝、灰、黑为主。在时报组织的购杭罗活动中，听到许多市民在议论，杭罗的颜色太沉闷、单一，只适合老年人。"市民提出的意见是中肯的。杭罗要打开市场，在工艺不变的情况下，应适当增加一些鲜亮的、适合各年龄段的颜色"。所以，参展时，特意尝试性地增加了浅绿、浅蓝、红色等七种颜色的杭罗。

　　前段时间，还有不少市民打电话给时报热线，想买杭罗。按组委会规定，23日面向市民零售。所以，有兴趣的读者到时可去和平国际会展中心的丝博会杭罗展位看看。

三年前曾经面临倒闭　三年后在新家谋划创意产业

最后一家杭罗厂想建杭罗文化园

（原载《杭州日报》2008年12月10日，记者：王力）

　　三年前，本报一篇《最后一家杭罗厂发出SOS》（2005年9月20日）报道了杭州最后一家杭罗厂——杭州福兴丝绸厂濒危的消息。

三年过去了，你还记得杭罗吗？

　　近日，杭州福兴丝绸厂厂长邵官兴告诉记者：在江干区科技园区管委会的帮助下，福兴厂终于搬新家了。不过，邵厂长还有一个更长远的计划——建一座杭罗文化园，让每一个人都有机会亲自动手织造杭罗,让这项传统手工艺在创意中真正实现"活态"传承。

新家里机杼声声重唱杭罗传奇

"杭罗在汉朝就开始生产了,以前是宫廷用的。"时至今日,杭罗与苏缎、云锦还并称为我国东南地区丝绸的三大名产,现杭罗织造技艺已列入第二批国家级非物质文化遗产名录。

福兴厂的新家——在德胜快速路边上的江干科技经济园区内。新家很大,厂区用地面积有12余亩,建筑面积1万多平方米,总投资两千一百万元。随着新厂的顺利搬迁,杭罗织造的机杼声在这里重新响起。

三年前,由于工厂所在土地被划作科技经济园区,本不属于园区招商范围的杭州福兴丝绸厂面临着异地发展的困境——因为杭罗生产用的机器拆卸组装并非易事,而懂行的技师也已年过八旬有心无力。另外,杭罗的制作对机器的精确度要求也特别高,长途颠簸极易对机器的精密度造成破坏性打击,甚至会导致无法生产。

江干科技经济园区管理委员会在得知企业的困难后,从保护民间传统工艺、弘扬丝绸文化的角度考虑,经多方协调,最后克服种种困难,把企业生产基地留在了园区内发展。

下一步,福兴厂还将筹集资金一千万元用于生产设备的增加,同时整修家传的手拉机,确保用传统工艺生产杭罗。

老技艺走创意路能否行得通？

"现在都在发展创意产业，我们也想鼓励福兴厂往这方面靠一靠。"作为江干区推动创意产业发展的主阵地，江干科技经济园区谋划起了传统技艺的创意路。这一点和杭州福兴丝绸厂的设想也不谋而合——

"前十年都在亏损，是时候找一条新路子了。"杭州福兴丝绸厂主管张春菁告诉记者。尽管杭罗迎来了前所未有的发展契机，但杭罗发展的现状不容乐观。多年来，销量一直持续萎缩，市场上对传统杭罗的认知也相对较少。

"我们设想整理出版一本书，再建一个杭罗文化园。"这个大胆设想的未来之路究竟如何？张春菁也没有太多把握。他说，不管怎样，最终是希望让杭罗的传统工艺保存下去，并重新焕发出生机。

未来的杭罗文化园什么样？

当年，杭罗织造在杭州艮山门一带兴盛一时，但在此后短短的几十年间几乎消亡。当时的杭罗手工作坊、机坊主们供奉的机神庙、可谓"杭罗集散地"的机神村，都随着时光流逝而消失了。

杭州福兴丝绸厂设想中的文化园，将种桑养蚕、杭罗织造手工作坊、手工染色作坊、传统手工制衣等传统技艺整合在一起。"可以用来展示杭罗的传统工艺流程，进行真正意义上的活态传承。"杭州福兴丝绸厂的负责人说。该园建成后，可以延伸向学术研究、旅

游、休闲、展览等多方面发展，让每一个人都有机会亲自动手织造杭
罗，将多种文化元素产业化。

杭罗成功列入世界非物质文化遗产名录

（原载中国女装网2009年10月28日）

2009年9月30日在阿联酋首都阿布扎比召开的联合国教科文组
织保护非物质文化遗产政府间委员会会议决定，中国蚕桑丝织技艺
入选世界非物质文化遗产名录。杭罗织造技艺作为中国蚕桑丝织技
艺中的重要代表性项目，正式加入"世遗"。

蚕桑丝织是中华民族认同的文化标识，五千年来，它对中国历
史作出了重大贡献，并通过丝绸之路对人类文明产生了深远影响。
为更好地保存、保护祖先留下的这些珍贵的文化遗产，浙江、江苏、
四川作为蚕桑生产的主产区和蚕桑丝织文化的保护地，三省文化行
政部门联合行动，以中国蚕桑丝织技艺为项目，由中国丝绸博物馆
向联合国教科文组织申报世界非物质文化遗产。

人大代表赵丰：中国蚕桑丝织申报世界"非遗"

赵丰认为，"中国蚕桑丝织"的组成内容如蚕桑民俗、丝绸文
化与丝织技艺及历史文物等整体的原生态保存性好，活态传承脉络

清晰，是一项可以保护和传承的非物质文化遗产。特别是我省与江苏省已有相当一部分国家级和省级的与蚕桑丝织相关的项目，如我省的杭罗、瓯绣等，江苏的云锦、苏绣等，还有其他省市的蜀锦、湘绣、粤绣、蜀绣、顾绣等，这些都为"申遗"打下了很好的基础。

杭罗织造技艺经文化部授牌保护的唯一传承保护单位——杭州福兴丝绸厂

杭州是中国著名的历史文化名城，有"丝绸之府"之称。传统的丝绸产业曾是杭州主要的经济支柱，同时，传统的丝绸文化影响着人们的生产与生活。

罗因产于浙江杭州，故名"杭罗"。杭罗的织造历史至少可以追溯到宋代，而罗的织造历史则可追溯到唐代。杭罗一直是一种富有杭州地方特色的丝织品，它因与苏缎、云锦并称为中国"东南三宝"而享誉世界。

2008年，杭罗织造技艺被国务院公布为第二批国家级非物质文化遗产，杭州福兴丝绸厂被确认为杭罗织造技艺唯一授牌保护的传承保护单位。

同年，由中国丝绸博物馆牵头组织的以中国蚕桑丝织技艺为项目申报世界非物质文化遗产的过程中，杭州福兴丝绸厂作为主要申报单位，积极地参与了申报工作。

近年来，在大力推进建设浙江文化大省的背景下，杭州市委、市政府对杭罗织造技艺的发展始终高度重视，从各方面予以大力扶持。

本次中国蚕桑丝织技艺成功晋级世界非物质文化遗产名录，必将对"弘扬丝绸之府"起到积极的作用，不仅是杭州福兴丝绸厂取得的成就，更是杭州市委、市政府长期以来对杭罗重视和支持的成果。

千年杭罗

（原载《杭州日报》2012年2月2日，撰文：沈树人）

杭罗，老底子杭州丝绸的一块招牌，与苏缎、云锦一道，被誉为丝绸"江南三宝"。

那个辰光，一到夏天，杭州城里有点身份、在场面上跑跑的人，都喜欢穿一件罗衫，挺括、凉爽、透气，尤其是文艺界的名人名角儿，穿一件杭罗长衫，手持折扇，洒脱而随意，真是风流倜傥，用现在的话讲：很有范儿。老底子，穿得起杭罗是蛮体面的。

杭罗为啥吃香？一、它用的原料是纯桑蚕丝，二、杭罗是纯手工织造。有此两项，用杭州话讲：杭罗是石骨铁硬旳"真枪货"。然而，时过境迁岁月流变，杭罗如今已成了稀罕之物，它的手工织造技艺被列为世界级的非物质文化遗产，成为真正的国宝。

邵官兴继承了爷爷织杭罗的手工技艺，成了"非遗"传承人

清光绪四年(1878年)，杭州的丝织业已经相当发达。城东艮山门一带是杭州丝织业的基地，历来有"艮山门外丝篮儿"之说，尤其是东街路(今建国北路)，更是机坊林立，一路走来，满耳尽是"嚓嗒嘭"、"嚓嗒嘭"的织机之声，真是"机杼之声，比户相闻"。

莫衙营的郭家机坊有四台土机，不算小。一天，店里来了个乡下少年，对襟布衫，肩上斜背一个包袱，十四岁的人看起来有点老成，他叫邵明财，是到郭老板的机坊学生意的。老底子讲学生意，就是当徒弟、学手艺。见到郭老板，邵明财毕恭毕敬地鞠了个躬，算是拜过了师。

邵明财的老家在城东宣家埠，一个古老村坊，还有一条老街。这里东临乔司、北接笕桥、南达九堡，全都是桑蚕繁茂之地。往西更是了，一路上所过之处，哪一处不是靠栽桑养蚕吃饭的？乡下人家孩子，打小就晓得做生活，无论采桑叶、看蚕，邵明财都是爹娘的帮手。父亲看他吃得起苦，托人将他送到郭老板的机坊里学生意。临出门时一再交代："你只要学会了织绸机格门手艺，贼偷勿去，火烧勿掉，在伲(我们)介大的蚕桑地区，何愁将来没有饭吃？"

东街上机坊多，但各家生产品种路数并不相同，有织大绸，有织纺绸，有织双绉，正所谓鱼有鱼路虾有虾路，黄鳝泥鳅各有门路。但只有郭家机坊，主要织杭罗。

　　却说邵明财自进了郭家大门，起早落夜，巴巴结结。早上倒夜壶、荡马桶；夜里上排门、落门闩，样样顾牢，生活做得蛮蛮落坎。老板看在眼里，见他聪明本分，是个可造之材，自然高看一眼，让他跟着牵经、摇纤，打打下手，慢慢地也就放他上机子学手艺了。三年徒弟四年半作(拿一半工资的见习生)，等到邵明财满师之时，他一工生活可以织到二丈杭罗，抵得上一个老师傅了，而且学会了杭罗织造的全套手工技艺，八把椅子坐得转，邵明财出山了。他从郭老板手里转来一张机子，回到宣家埠自己摆起了场面。宣家埠周围桑园多，养蚕多，土丝多，邵明财虽是小本经营，但本乡本土，地利人和，倒也如鱼得水。后来，儿子邵锦全从他手里继承了这份产业和全套手艺。

　　邵锦全直到四十九岁才得子，正应了："四十九，生只关门狗"这句老话。儿子取名邵官兴，那是1954年的事。老来得子，别人家宠都来不及，但邵锦全牢记"宠子不发"的道理，严加管教，儿子初中刚毕业，就让他跟着自己学手艺，先从摇纤做起，再牵经、挑丝、上机织造，然后再学修机、整机、零部件制作，做爹的教儿子，自然是扑心扑肝，倾心相传，当儿子的岂敢懈怠，几年辛苦下来，邵官兴终于将父亲全部本事都学到了手。

　　20世纪80年代，乘着改革开放的大潮，在村书记邵正海的全力支持下，邵官兴把自家的小作坊扩展成福兴丝绸厂。厂里设法搜罗并保留了八台木制传统织机，继续生产杭罗这个传统产品。北京

"瑞蚨祥"、苏州"乾泰祥"这些著名老字号经销的杭罗全是福兴丝绸厂供货的。走进杭州福兴丝绸厂的办公室,墙上赫然挂着国家文化部和省文化厅的两块牌匾,杭罗手工织造技艺已获准为省级和国家级的非物质文化遗产保护项目,而邵官兴也成了这个项目的代表性传承人。

这些往事都是邵官兴告诉我的,他很想在有生之年能为传承多做点事情,比方说织杭罗用的是纯桑蚕丝,他想搞个杭罗文化园,展示从栽桑养蚕到结茧缫丝,再到摇纡织罗的整个生产过程,让年轻人对这一传统技艺能有所了解。可后来他还是一脸无奈地说:"唉!勿成功、勿成功。老底子伢宣家埠一带乌茵茵全是桑园地,多少人家靠伊吃饭。格息毛(现在)侬看看,除了楼盘厂房,就是农村别墅,哪里还有土地种桑哦!"

施金富说: 艮山门外的新塘、彭埠、下菩萨一带是杭罗的发源地

艮山门是杭州丝绸业的老巢,当年不少织杭罗的老师傅就散居在附近的社区村坊里。他们中大多已经作古,我在彭埠见到了仍健在的施金富老人和他老伴徐巧凤。

施金富老人说:新塘、彭埠、下菩萨一带是杭罗的发源地。听我阿爸讲,当时丝绸产品虽然各归各做,但大致有个区域的划分。以城河为界,城里机坊大多做轻磅生活,像电力纺、织锦缎、双绉等轻巧

生活；而我们城外机坊做的是杭罗、杭纺、花大绸等重磅生活。做重磅生活用的是拉机，手要拉脚要踏，眼睛还要盯牢，你想想有多少吃力，乡下师傅吃得起苦。

施老伯和杭罗打了大半辈子交道，夫妻俩在杭州红霞丝织厂一直做到退休。红霞厂后来叫"杭州丝织总厂"，是当时杭州城里唯一能生产杭罗的一片丝织厂。

施老伯住彭埠镇王家井99号，翻过门前的郑家桥往西是洑家新村，这里旧时是机坊集聚之地。因为火车东站枢纽工程建设，这一地块被征迁，如今一家人租住在万家花园过渡。我进了他家刚一坐下，老伯就捧出两本蓝皮的技师证书："你先看看这个，我的技师证书，盖的是市劳动局的公章硬印，国家都承认我的。不瞒你说，那辰光做工人，手里没有三分三的本事，技师执照你想都不要去想。"

施老伯说起自己的手艺不无得意，"我的手艺是祖传的。我家祖上一向来是织机子的，到我阿爸手里家中已有两张机子，专织杭罗、杭纺。像我家这样的小机坊在新塘、彭埠、下菩萨、白庙前一带特别多，而且织的大多是杭罗、杭纺等真丝生活。我阿爸自己织一台，再雇个师傅，姆妈有空也帮一把，我小学还没读完就跟在旁边打下手，看都看会了。我十二岁就会摇纡子，成了阿爸的帮手，慢慢的，机子上的各道工序都学会了。"

大概是从1955年开始，手工业改造，要走社会主义道路，私人机坊合并成手工业合作社，施家并入白庙前丝织四社，施老伯成了合作社的工人。1958年全国到处"大跃进"，手工业要跟形势，再并。彭埠勤华丝织社、白庙前丝织四社和丝织五社、笕桥丝织社等五家丝织合作社合并，成立地方国营笕桥绸厂，规模一下子大了。下菩萨老街西头有一幢大宅院，新中国成立后曾做过艮山区公所，现在成了绸厂的厂房。笕桥绸厂做的大部分是传统真丝产品，全厂最大也是最重要的车间织杭罗和杭纺，当年厂里工人喉咙梆响："杭罗只有我们厂才有，全中国独一无二。"这话绝对掼得过钱塘江！

　　"文化大革命"一来，厂名改了，叫"红卫兵丝织厂"，大家闹革命，生活不做了。不过杭罗车间的生产还算正常，做杭罗的师傅原先大多是小机坊主，技术靠硬，成分不行，没有资格参加造反派，就老老实实地在厂里促生产、织杭罗。"文化大革命"之后，厂名又改了，叫"红霞丝织厂"。改革开放后，市内几家较小的丝织厂先后并入红霞厂，于是厂名又改为"杭州丝织总厂"。不管厂名怎么变，杭罗车间始终雷打不动，毕竟在全国是独一无二的啊。但后来就不行了，20世纪80年代末、90年代初，受化纤和人造纤维的强烈冲击，乡镇企业的围剿，再加上体制的束缚，人才与技术的流失，丝绸行业急剧衰退，就连杭罗这样的真丝产品也一落千丈。

　　不过，一说到自己做过的生活，施老伯就来了精神："我出山算早的，从丝织四社做到丝织总厂，先做挡车工，再做保全工，凡是与织机有关的行当我是样样精通，听听声音就晓得毛病在哪里，特别是织杭罗的机子，一不留心就会跳丝出次品，一点都马虎不得。"

大概因为从小织杭罗，施老伯喜欢穿丝绸，而且都是真货，要么罗衫要么纺绸衫，又牢又挺括，六月里不搭汗、不生痱子，真当舒服。他说："反正出在自家机坊里的零头绸料，拣好的穿。"

那时喜欢穿丝绸的人多，施老伯的"末梢"也多，经常要帮亲戚朋友弄一点杭罗零头，"无非是请厂长批张条子。不过到后来服装潮流变化太快，穿绸缎成了背时鬼，我这个'末梢'才算背好。"

说得时间长了，我想让施老伯歇一歇，顺手递上一支香烟。

"好，我抽支香烟，让老太婆来说两句。不要看她头发雪白，当年是厂里张造组的负责人，说起徐巧凤，哪个不晓得。没有她这个张造师傅，根本织不了杭罗。"

张造师傅，看看不值钱，学学几十年

想不到一直坐在边上挑毛线的大妈还是位高人呢。

张造师傅，行话说："看看不值钱，学学几十年。"

实在是难为情，"张造师傅"这个名称我第一次听到，连这两个字都是从大妈这里学的。

"'张造师傅'是行内传下来的叫法，杭罗上织机就是靠我们张罗起来的，门幅多少，头份(经线)要放多少，丝的粗细配合，纬线与钢扣的搭配，纱罗的孔眼等，所有的工序、工艺都要排好，像渔网一样张好，这才可以上机子织。"

　　大妈比画了半天，我才弄明白：张造师傅，就像造房子的放样师傅，哪里是柱子，哪里是围墙，哪里是门洞，画得清清楚楚，后面的人只需照样施工就可以了。用现在的说法，好比是为电脑编程序。

　　大妈到底是吃这碗饭的，讲出来都是内行话："杭罗最关键的技术是选丝、提综和水织。提综也叫'绞综'，都属于张造范围。杭罗的特点是有经纬纱绞合出来的纱孔，纱孔形成的图案既好看又透气。这种纱孔是用线在纱槽上打好样，再装上去绞出来的，这核心技术就掌握在张造师傅手里。不管技艺也好，手艺也罢，说白了都是手面生活。全是手里作数，凭感觉。杭罗手工织造技艺就是凭感觉的手面生活，一靠师傅传授，二靠自己领会。"

　　织杭罗要用纯桑蚕丝，统称"白厂丝"，一般来讲杭嘉湖地区产的蚕丝质量比较好，一是牢度高，二是粗细匀称，三是有光泽，其中最好的要数桐乡丝了。这和杭嘉湖地区的桑叶质量、气候条件和蚕茧生产历史都有很大关系，所以当年外销的杭罗基本上都是用杭嘉湖一带的蚕丝生产的，质量靠得牢。

　　老底子在杭嘉湖及宁绍地区，不论城里或乡下，家中有上了岁数的老人，做小辈的都要早早买好一块杭罗料作做寿衣，颜色多为宝蓝、紫蓝、玄色等。为啥选杭罗？有说道的，因为杭罗上有罗孔，两面通透，暗示到了阴间也能事事通达，路路通顺。

　　"但是日常生活里穿杭罗的似乎不多？"听到我的疑问，大妈说："因为杭罗穿穿蛮舒服，洗洗蛮麻烦，须轻轻漂洗，洗后还要熨过才挺括，普通老百姓哪里有嘎许多工夫？这叫'买得起，穿不起'。所以一般人家都穿纺绸，纺绸也是真丝料作，平纹织造，但不像杭罗来得考究，算得上经济实惠。"

　　两位老人说起杭罗，话语中始终透出一份真切的不舍和眷恋，似乎又回到了织机前，又在干他们的老本行。"'看看不值钱，学学几十年'，恐怕就是你们讲的非物质文化遗产。今朝你们来家里，大家一起说说杭罗，心里木佬佬落胃，杭罗得到了保护，能够传承下去，真当是桩好事情，高兴，高兴"。

责任编辑：唐念慈

装帧设计：任惠安

责任校对：朱晓波

责任印制：朱圣学

装帧顾问：张　望

图书在版编目（ＣＩＰ）数据

杭罗织造技艺 / 顾希佳，王曼利编著. —杭州：浙江摄影出版社，2012.5（2023.1重印）

（浙江省非物质文化遗产代表作丛书 / 杨建新主编）

ISBN 978-7-5514-0109-8

Ⅰ.①杭… Ⅱ.①顾… ②王… Ⅲ.①绫罗—介绍—杭州市 Ⅳ.①TS146

中国版本图书馆CIP数据核字（2012）第097609号

杭罗织造技艺

顾希佳　王曼利　编著

全国百佳图书出版单位

浙江摄影出版社出版发行

地址：杭州市体育场路347号

邮编：310006

网址：www.photo.zjcb.com

经销：全国新华书店

制版：浙江新华图文制作有限公司

印刷：廊坊市印艺阁数字科技有限公司

开本：960mm×1270mm　1/32

印张：4.5

2012年5月第1版　　2023年1月第2次印刷

ISBN　978-7-5514-0109-8

定价：36.00元